科 普 百 家 讲 坛
Lecture Room of Science Popularization

编著◎徐 明

海军武器实录

the Stories of Navy Weapons

无垠的大海、翻滚的浪花、飞翔的鸥鸟……
然而，
海面上游弋着兵舰、航母……
舰上有精良的武备，有荷枪实弹的士兵……
水下暗藏着鱼雷、潜艇……
它们或是为满足侵略者的野心出征，
或是为保卫自己美好的家园而战，
让我们来了解它们吧，
为捍卫我们幸福、和平的世界而战！

航空工业出版社
北 京

Foreword 前言

地球总面积 5.1 亿平方千米，其中，陆地面积 1.49 亿平方千米，海洋面积 3.61 亿平方千米，海洋面积是陆地面积的 2.5 倍多。起源于海洋文明的西方国家很早就重视海洋的意义，2000 多年前的古罗马哲学家西塞罗曾一针见血地指出：“谁控制了海洋，谁就控制了世界。”中国古代伟大的航海家郑和也有一句名言：“欲国家富强，不可置海洋于不顾，财富取之于海，危险亦来自海上。”

几百年来，葡萄牙、西班牙、荷兰、英国乃至今天的美国在世界上的优势力量都是以海权为基础的。从希波萨拉米海战、西英英吉利海战、英德日德兰海战，到二战几乎满世界开花的海洋混战，无一不是充分地印证了这样的价值观。古希腊强大的舰队成就了希腊的繁荣，无敌舰队满足了西班牙皇室的奢华，英国皇家海军维系了曾经日不落的辉煌，而现在的“尼米兹”航母编队正忙着满世界炫耀美国的强大……

进入新时期，世界海军武器装备的发展可以归纳为五句话，即：攻击型潜艇不断推陈出新，驱逐舰、护卫舰是水面战斗舰艇发展的主流，防空反导武器系统是舰载武器发展的重点，反水雷战装备注重提高高技术含量，航母依然受到某些大国海军的青睐。

书中重点介绍了航空母舰、巡洋舰、驱逐舰、护卫舰、高性能船只及潜艇的发展历史、性能特点和作战应用，通过枚举世界各国大量现役和在研的海军武器装备，阐述了各类水中兵器、舰载电子信息设备、舰载导弹、舰载飞机的基本原理和发展状况，揭示了隐身舰艇的技术特性，分析了海军武器装备在未来高技术战争中的地位作用，研究探讨了海军武器装备的未来发展趋势。

本书是一部较全面介绍世界各国海军主要舰船和武器装备的图文集，是广大青少年以及兵器爱好者更好地了解当今世界各国海军的现状与发展的必备资料，并有较高的实用和鉴赏价值。

目录

第1章 舰船

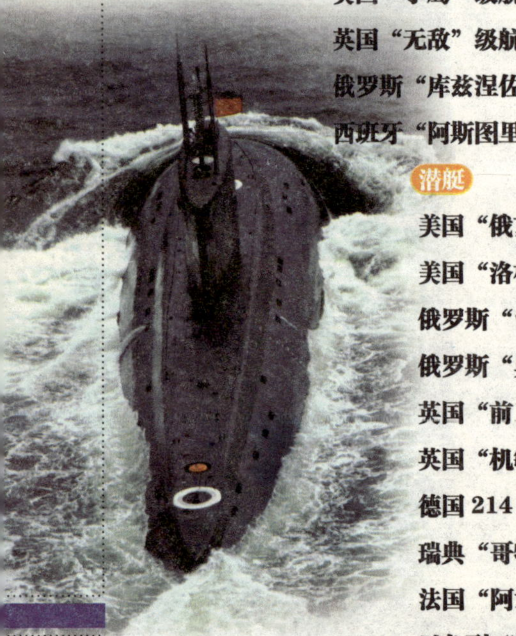

第2章 武器装备

目录

舰船

Part 1

21 世纪将是海洋的世纪，随着人类对海上权益争夺的加剧，海洋已经成为世界各国政治、军事、经济和外交的重要因素。军用舰船自诞生之日起就是海上战场的主宰，而且在现代战争中起着越来越重要的作用。今天，舰船对于各国的发展，已有了非同一般的意义。庞大的舰队不仅构筑了世界上最大的物流体系，而且捍卫着一个国家的主权和安宁。

航空母舰

航空母舰，简称“航母”、“空母”，是一种以舰载机为主要作战武器并作为其海上活动基地的大型军舰。航空母舰通常是一支舰队中的核心舰船，有时还作为航母舰队的旗舰，舰队中的其他船只为它提供保护和供给。依靠航空母舰，一个国家可以在远离其国土的地方，不依靠当地的机场情况对敌施加军事压力和进行作战。

美国“企业”号航母

1954年9月30日，美国第一艘核动力潜艇“鹦鹉螺”号建成服役。核动力的航程几乎是无限的，这一动力方式也可以用于水面舰艇上，舰体巨大的航空母舰自然是它的最好载体。

▲美国第一艘核动力潜艇“鹦鹉螺”号在美国康涅狄格电船公司的船坞下水

1958年2月4日，美国第一艘、也是世界上第一艘核动力航空母舰“企业”号开工建造，它于1961年11月25日建成服役。与常规动力航母相比，“企业”号的核动力体现出了一系列优越性。

首先，没有烟囱带来了许多好处。常规航母上的进气道、排气道和大型烟囱不仅占去大量空间，而且降低了舰体强度。它们排放的高温废气一方面会严重腐蚀舰上设备，一方面也会产生湍流而影响飞机的着舰。而核动力航母一劳永逸地消除了这些问题。

其次，大量空间被节省下来，可以装载更多的航空燃油、武器弹药和补给品，更适合航母这一战略性兵力的作战特点。

▲美国“企业”号航空母舰于1961年11月25日建成服役，它是美国、也是世界上第一艘核动力航空母舰

第三，核动力使航母具有了近乎无限的机动能力。核燃料更换一次即可连续航行数十万海里，这在常规航母中是不可想象的。

第四，核动力航母的工作、生活条件大为改善。它没有烟囱排出的有毒气体的影响；没有恼人的噪声；进气道和烟囱所节省下的空间使居住舱室更加宽敞；巨大的动力资源可以大量淡化海水，也可以使舱室的空调效果更好。不要小觑生活条件的改善，在长期枯燥乏味的海上生活中，良好的生活条件可以大大激发舰员的工作热情。

“企业”号全长342.3米，宽40.5米，8座A2W型压水反应堆，总功率205800千瓦，航速33节，标准排水量75700吨，满载排水量94000吨。舰上人员3215人，其中航空人员2480人，另有司令部人员70人。该舰飞行甲板长331.6米，宽76.8米，机库长223.1米，宽29.3米，高7.6米，设计载机86架。

“企业”号的舰体结构与“小鹰”级基本相同，安装有4部大功率蒸汽弹射器和4部舷侧升降机。其强力甲板厚达50毫米，在关键部位设有防弹装甲，水下部分的舷侧装甲厚达150毫米，并设有多层防雷隔舱。它装有3座8联北约“海麻雀”航空导弹发射架和3座“密集阵”近防系统。电子战系统为SLQ－32电子对抗/支援系统、“水精”拖曳式诱饵系统和4座6管MK－36红外/箔条干扰发射器。舰上装有1部SPS－48C三坐标对空雷达、1部SPS－49远程搜索雷达，1部SPS－67对海搜索雷达、6部MK－95“海麻雀”导弹制导雷达以及导航、着舰引导等共20部雷达。指挥系统为先进的海军战术数据系统。

值得一提的是，美国海军为了验证核动力水面舰艇持续航行的能力，在1964年下半年以“企业”号航空母舰、“长滩”号和“班布里奇”号核动力巡洋舰组成了环球航行编队。在长达64天的连续航行中，编队总共航行了32600海里，而且只依靠本舰核动力，不进行任何海上补给。这一环球航行，充分显示了核动力舰艇所具有的无比优越性。

美国“尼米兹”级航母

被誉为“水面舰艇之最”的美国海军“尼米兹”级核动力航空母舰，以其吨位最大、技术最先进、人员最多、耗资最巨而在当代海军舰艇家族中睥睨群雄。

▲1998年7月25日服役的“杜鲁门”号

截至2000年，在全世界已经服役的航空母舰中，只有9艘核动力航母，除了“企业”号以外，全部是“尼米兹”级。这一级大型核动力航母所具有的超凡脱俗的作战能力，是航空母舰在现代战争中巨大威力的真正体现，是所有向往海洋的国家梦寐以求的“海上巨无霸”。

按服役顺序，该级航母依次为：1975年5月服役的“尼米兹”号（CVN68），1977年10月服役的“艾森豪威尔”号（CVN69），1982年2月服役的“卡尔·文森”号（CVN70），1986年10月服役的“罗斯福”号（CVN71），1989年服役的“林肯”号（CVN72），1991年服役的“华盛顿”号（CVN73），1995年服役的“斯坦尼斯”号（CVN74），1998年服役的“杜鲁门”号（CVN75），2003年服役的“里根”（CVN76）号和已经在2006年完工的第十艘“布什”号（它是美国海军最后一艘“尼米兹”级核动力航空母舰，耗资近40亿美元，2008年将加入海军服役）。

由于“尼米兹”级建造时间长达数十年，所以各舰之间有一些差别，仅排水量一项，前三艘“尼米兹”标准排水量为81600吨，满载排水量为91687吨，第四艘“罗斯福”号满载排水量也达到了96386吨，而其后的“林肯”号、“华盛顿”号、“斯坦尼斯”号、“杜鲁门”号、“里根”号满载排水量均已超过100000吨。

▼“布什”号航母的新式球鼻形舰艏特写

▼美国『尼米兹』级『里根』号航母（CVN76）

随着科技的进步，舰上的设备也有了很大改变。像“杜鲁门”号就融入了信息技术的最新成果，如大面积使用光纤电缆以提高数据传输数率；布设了IT－21非保密型局域网，将计算机、打印机、复印机、作战兵力战术训练系统、舰艇图片再处理装置、数字化综合印刷及综合数据库等连接为一体，实现了无纸化办公。舰员还配备了数字身份卡，舰载机的起降设备也增设了电视监视系统。

舰载机是航母的主要打击力量。“尼米兹”级航母舰载机联队的编成方式、作战能力具有典型的代表性。经过几次变化之后，目前，美国海军的11个舰载机联队均采用“标准型”编成方式，计有：1个F－14“雄猫”战斗机中队，14架；2个F/A－18C“大黄蜂”海军战斗/攻击机中队，24架；1个F/A－18A“大黄蜂”海军陆战队战斗/攻击机中队，12架；1个E－2C“鹰眼”预警机中队，4架；1个EA－6B“徘徊者”电子战飞机中队，4架；1个S－3B“北欧海盗”反潜机中队，8架；1个SH－60F“拉姆普斯”反潜直升机中队，5架。总共8个飞行中队，71架各型飞机。此外，还有2架HH－60H运输直升机。

▲“大黄蜂”舰载战斗机

▼美国“尼米兹”级“林肯”号航母（CVN72）

法国“戴高乐”号航母

2000年9月28日，在法国西海岸的布勒斯特海军造船厂，法国第一艘核动力航空母舰“戴高乐”号正式交付军方。事实上，法国海军拥有核动力航母的梦想始于20世纪80年代初，但历时20载才变成现实。

早在1980年9月，法国国防委员会就批准了建造2艘核动力航母的计划。1987年1月，曾承建过“克莱蒙梭”级航母的布勒斯特海军造船厂开工建造“戴高乐”号航母。7年后的1994年5月14日，时任法国总统的密特朗亲自主持了该舰的下水仪式。1997年1月，“戴高乐”号开始安装武器系统和配备舰员。1998年1月，舰上的核反应堆开始工作。2006年1月，“戴高乐”号开始海上试航，7月开始舰载机起降试验。测试结束后，该舰又重返船厂进行改装，直到2007年才彻底完工，主要是把降落甲板加长了4.4米，以确保E-2C“鹰眼”预警机着舰。

▲“戴高乐”号航母

“戴高乐”号是当前欧洲最大、最先进的核动力航母，也是世界上第一艘采用核动力的中型航母，这样法国就成为继美国之后第二个拥有核动力航母的国家。

航空母舰是现代工业的缩影，是一个国家综合实力的象征。法国是较早发展航母的国家之一，它一直认为，核动力航母是保持大国形象、维护大国地位的重要标志和工具。它之所以不遗余力地发展航母，正是为了确保其海洋权益和国家利益。在西欧，法国是唯一拥有核动力航母的海军大国，把只拥有中小型常规动力航母的英国远远甩在了后面，对没有航母的德国更凸显优势。

“戴高乐”号排水量38000吨，舰长261.5米，吃水深8.45米。其主动力系统采用2台K-15型压水式核反应堆和2台蒸汽轮机，一次加满核燃料后可以按25节航速在海上连续航行5年。

该舰飞行甲板长261米，跑道长195米，宽64米，面积1.2万平方米，相当于两个半足球场。主甲板由8.5度斜角甲板和舰岛前方起飞区组成，各配备一台美国C-13型弹射器（每分钟可弹射一架飞机）。全舰搭载40架飞机，主要是“阵风”-M战斗机、“超军旗”攻击机及3架E-2C“鹰眼”预警机，并可搭载AS-565“黑豹”和NH-90型直升机。该舰作战指挥系统技术水平很高，可同时跟踪2000多批目标，足以有效地监控整个航母战斗群。

美国"小鹰"级航母

20世纪50年代，美国建造的"福莱斯特"级航空母舰被称为"超级航空母舰"，但在服役过程中仍发现了一些不足，于是在1956年建造第五艘时，美国海军对其进行了大幅度改进，并接连建造了3艘，称之为"小鹰"级，它是美国建造的最后一级常规动力航母，也是世界上最大的一级常规动力航母。这四艘航母的具体情况是：

第一艘"小鹰"号（CV63），纽约造船厂建造，1956年12月27日开工，1960年5月21日下水，1961年4月29日服役；

第二艘"星座"号（CV64），纽约海军船厂建造，1957年9月14日开工，1960年10月8日下水，1961年10月27日服役；

第三艘"美国"号（CV66），纽波特纽斯船厂建造，1961年1月9日开工，1964年2月1日下水，1965年1月23日服役，1998年10月30日退役；

第四艘"肯尼迪"号（CV67），纽波特纽斯船厂建造，1964年10月22日开工，1967年5月27日下水，1968年9月7日服役，2007年3月23日退役。

"小鹰"级全长323.6米，宽39.6米，吃水11.4米，标准排水量61174吨，满载排水量分别为82486吨、81780吨、82583吨、83573吨，舰上载航空燃油5882吨。主机为西屋公司的4台蒸汽锅炉，总功率280000马力，最大航速30节，续航力为12000海里/20节。舰上共分为10个作战部门，即：作战、航空、航海、武器、轮机、医务、牙医、供应、安全和飞机维修，每个部门又下设若干个分队。全舰编制5480人，其中舰员2930人，空勤2480人，航母战斗群司令部人员70人。现在其舰载机联队为"标准型"配置。

"小鹰"级的防空武器为3座8联装"海麻雀"防空导弹发射装置和3座"密集阵"近防系统。对空雷达为SPS－49（V）和SPS－48C/E（三坐标），对海雷达为SPS－10F，导航雷达为LN－66和SPS－64（V）9，火控为6部MK－95。电子对抗为4座MK－36干扰箔条发射器和1部SLQ－36拖曳式鱼雷诱饵。

"小鹰"级常规动力航空母舰和"海鹰"型舰载反潜直升机

英国“无敌”级航母

英国是最早研制与制造航母的国家，它的航母在两次世界大战中均有过出色表现。战后，英国国力衰落，再也无力建造像美国那样的大型核动力航母，但笃信航母实力的皇家海军又不想放弃这个海战法宝，万般无奈之下只好采取了折中之策：用所谓的“全通甲板巡洋舰”来代替传统的舰队型航母，这就是后来的“无敌”级轻型航母，它的出现与“鹞”式垂直/短距起降飞机的研制成功不无关系。

该级航母共建三艘：“无敌”号（R05），1973年7月开工，1980年7月服役；“卓越”号（R06），1976年10月开工，1982年6月服役；“皇家方舟”号（R07），1978年12月开工，1985年11月服役。其中，第一艘在维克斯船厂建造，后两艘在斯旺·亨特船厂建造。

▼英国“无敌”级轻型航空母舰之“皇家方舟”号

“无敌”级全长206.6米，宽27.7米，标准排水量16000吨，满载排水量20600吨，主机为4台“奥林普斯”TM-3B型燃汽轮机（这是世界上首次将燃汽轮机作为航母主机），总功率112000马力，双轴双桨，最大航速28节，18节时续航力7000海里。全舰人员编制为1051名，其中舰员685人，航空人员366人。其建成时的标准载机为8架“海鹞”式垂直起降战斗机和12架“海王”直升机。

▼英国“无敌”级轻型航空母舰之“无敌”号

“无敌”级最大的特点是应用了“滑跃”跑道，这是皇家海军中校道格拉斯·泰勒的创造。所谓滑跃起飞，就是将飞行跑道前端约27米长的一段做成平缓曲面，向舰艏上翘，

“无敌”号和“卓越”号的上翘角度为7度，“皇家方舟”号为12度。“海鹞”舰载机通过滑跃甲板起飞，在滑跑距离不变的情况下可使飞机载重增加20%，载重量不变的情况下可使滑跑距离减少60%。这一起飞方式后来被各国的轻型航母普遍采用。

“无敌”级在服役之后参加了多次实战行动。1982年，“无敌”号参加英阿马岛之战，暴露出预警能力不足的缺陷。战后皇家海军为每艘航母配备了3架“海王”预警直升机，每架直升机配备1部“搜水”雷达，当飞行高度为1500米时，警戒半径为160千米。后来，“无敌”号又率先加装了3座美制“密集阵”6管20毫米近防系统，但仍感近防能力不足，在此后的大改装中又加装了3座荷兰的“守门员”7管30毫米近防炮，并装上了“海蚊”诱饵发射系统、新型的966对海警戒雷达和2016舰壳声呐。1994年2月，“卓越”号完成了相同的改装。1997年，“皇家方舟”号在进行这一轮改装时，又将滑跃跑道上翘角提高到13度。

为了应付冷战后形势的需要，皇家海军正式组建了三军联合快速部署部队，并决定在航母上部署空军的“鹞”式攻击机和陆军直升机。1997年底，皇家空军的“鹞”GR7攻击机正式上舰。1998年1月18日，“无敌”号搭载7架“鹞”GR7攻击机和12架“海鹞”FA2战斗机出航，开始执行混合配置后的首次作战使命——配合美军对伊拉克实行空中打击。

1998年夏，皇家海军2艘航母参加了北约“坚定决心”联合演习。这一次，“卓越”号搭载1个由“鹞”式攻击机和“海鹞”式战斗机组成的混编大队，“无敌”号则搭载1个海陆军混合直升机大队和700名海军陆战队员，从而全面实现了“由海向陆”的作战概念。从此，“无敌”级航母又承担起新的作战使命。

1998年，最新一轮改装已经开始。当年年中，“卓越”号进行了为期7个月的前甲板延伸工程。其“海标枪”防空导弹被拆去，增加了一块400余平方米的甲板面积，原“海标枪”的弹药库被改装成“鹞”GR7的军械舱。这样，“鹞”式飞机上舰就更加方便了。

▲英国“无敌”级航母编队参战马岛海战

▲甲板上的“海鹞”式垂直起降战斗机昂首待命

▲全速前进的“无敌”号航母

俄罗斯“库兹涅佐夫元帅”级航母

苏联的航母发展史曲折缓慢，直到20世纪80年代初，在体验了建造和使用几艘直升机航空母舰后，苏联才开始发展真正意义上的航空母舰，这便是后来的“库兹涅佐夫元帅”号。“库兹涅佐夫元帅”级原计划造3艘，同时建造1艘核动力的“乌里扬诺夫斯克”号航母。可是这个宏伟计划刚实施，苏联就解体了，航母计划也伴随着解体灾难的蔓延而夭折。

▲俄罗斯“库兹涅佐夫元帅”号航空母舰

苏联解体后，其海军的主力舰几乎全部易帜为俄罗斯海军舰艇。然而，俄罗斯建立了自己的海军后，不仅没有建造新的航空母舰，反而对已有的航空母舰停建的停建、退役的退役、出卖的出卖、解体的解体。现在，俄罗斯海军只剩下唯一的一艘航空母舰——“库兹涅佐夫元帅”号航空母舰。

▲ 舰上装有滑橇式飞行甲板，舰上所装备的武器系统齐全，威力强大

“库兹涅佐夫元帅”号航母是以苏联早期海军司令库兹涅佐夫元帅名字命名的大型航空母舰，是苏联海军发展的第三代航空母舰，也是俄罗斯海军现役舰艇中吨位最大的舰只。

◀『库兹涅佐夫元帅』号是苏联第一艘真正意义上的航空母舰

作为新一代航空母舰，“库兹涅佐夫元帅”号有许多创举：它是世界上第一艘无需弹射就能起飞固定翼飞机的航空母舰；它的舰艏部装有12度上翘角；该航母上所装备的设施是世界上任何国家的航空母舰所不能比拟的。

“库兹涅佐夫元帅”号舰长304.5米，水线宽37米，飞行甲板宽

70米，吃水10.5米，满载排水量67500吨；动力装置为4台蒸汽轮机，最大航速30节；主要武器装备有12单元SS-N-19垂直发射反舰导弹系统（备弹12枚），4座6单元SA-N-9垂直发射防空导弹系统（备弹192枚），8座卡斯坦近程武器系统，6座6管30毫米AK630炮，2座RBU12000型反潜火箭发射系统，搭载18架苏-27K或苏-33、4架苏-25UTG、15架卡-27直升机、2架卡-31直升机；全舰编制人员1960人，其中军官200人，航空人员626人。

▼“库兹涅佐夫”号航空母舰线图

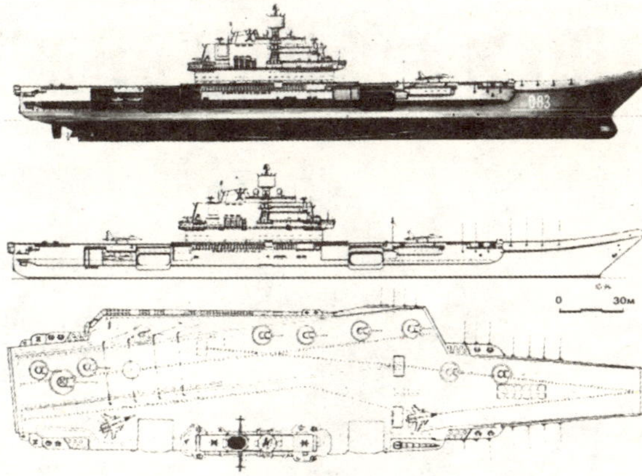

▼“库兹涅佐夫”号航空母舰

2005年9月，一架苏-33在“库兹涅佐夫元帅”号降落时，由于航母上的制动索突然断裂，致使战机冲出甲板并坠入海中，所幸飞行员安全获救。在2006年4月完成一次出海航行任务后，“库兹涅佐夫元帅”号便开始接受持续一年多的维修。

2007年8月19日，随着战机从“库兹涅佐夫元帅”号航母甲板上起飞，这艘航母已重新恢复了战机起降任务。

▼一架苏-33舰载战斗机已经起飞离舰，另有一架苏-33还在舰上接受检查

西班牙“阿斯图里亚斯亲王”号航母

▶「阿斯图里亚斯亲王」号航母与众不同的飞行甲板

西班牙是一个海洋国家，北临大西洋，东濒地中海，南接直布罗陀海峡，它需要一支以航母为核心的海上力量来担负起保卫国家安全和经济发展的重任。1967年，西班牙海军曾向美国租借了二战老航母“迷宫”号，后于1973年正式买入。但“迷宫”号已经是老态龙钟了，很快面临退役，因此西班牙急需一艘新的航空母舰。

从西班牙的经济实力看，要建造美国那样的大型航母或法国那样的中型航母都是国力难以承受的，于是，搭载垂直起降飞机的轻型航母就进入了西班牙海军的视线。在对外招标时，美国吉布斯·考库姆公司的“海上控制舰”方案得以中标。1979年10月，西班牙巴赞造船公司开工建造R11“阿斯图里亚斯亲王”号轻型航母。1988年5月3日，这艘航母正式进入西班牙海军服役。

“阿”号全长195.5米，宽24.3米，吃水9.4米，满载排水量17188吨。全通式飞行甲板长195.9米，宽29米，滑跃起飞跑道前部的跃升角为12度。其动力装置为2台LM－2500燃汽轮机，总功率46400马力，最大航速27节，续航力为6500海里/20节。它平时载机22架，包括10架AV－8B垂直/短距起降战斗机、6架“海王”直升机、2架“海王”AEW预警直升机以及4架AB－212直升机。但在紧急情况下可载机37架，其中17架放在机库中，20架放在甲板上。该舰编制舰员555人，另有208名航空人员。

“阿”号的舰载武器较简单，只有4座“梅罗卡”12管20毫米近防系统。它的电子设备也较为精干，1部SPS－52C/D三坐标对空雷达、1部SPS－55对海搜索雷达，另有4座MK－36型6管干扰火箭发射装置和1部SLQ－25“水精”拖曳式鱼雷诱饵。

相对来说，“阿”号有几个独特之处：一是飞行甲板在主甲板之上，从而形成敞开式机库，这在二战后的航母中是绝无仅有的（其他航母都是飞行甲板与主甲板在同一水平面上，机库是封闭的）；二是动力系统只采用2台燃汽轮机，并且是单轴单桨，这在现代航母中同样是独一无二的（为了弥补2台主机可靠性低的弱点，该舰在舰中部安装了2台可收放的应急动力装置，由2台588千瓦电机驱动，可提供4~5节的航速）；三是机库面积较大，达2300平方米，比其他同型航母多出70%，接近法国中型航母的水平。

潜艇

潜艇是一种能潜入水下活动和作战的舰艇，也称潜水艇，是海军的主要舰种之一。潜艇在战斗中的主要作用是：对陆上战略目标实施核袭击，摧毁敌方军事、政治、经济中心；消灭运输舰船、破坏敌方海上交通线；攻击大中型水面舰艇和潜艇；执行布雷、侦察、救援和遣送特种人员登陆等。

美国“俄亥俄”级战略核潜艇

▲三叉戟Ⅱ（D5）型潜射弹道导弹冲出水面

美国军方在20世纪70年代初期展开了三叉戟Ⅰ型潜射弹道导弹的研制计划，同时开始发展一种新型的弹道导弹潜艇以供三叉戟导弹使用。最初的计划是建造一种“拉法耶”级的改良型潜艇，并使用相同的西屋S5核子反应炉，后来为了减低新潜艇的噪声，因此决定采用自然循环核子反应炉。基于经济效益，导弹数量由18枚增至24枚。由于这项计划的造价过于庞大，最初曾遭国会的反对，不过当苏联在“三角洲”级潜艇上配置了射程长达6935千米的SS－N－8潜射弹道导弹之后，国会终于批准了这项计划。

虽然已获得国会的批准，不过这项计划在发展之初仍遇到不少困难，因此比预定进度落后许多。当困难被一一克服以后，终于产生了一种极为优秀的潜艇与极具威力的导弹。

“俄亥俄”级是美国第四代战略导弹核潜艇，也是迄今装备数量最多的战略核潜艇，是美国与苏联争夺核优势的“杀手锏”。该级潜艇共建造18艘，分别是：

“俄亥俄”号（SSBN726）1981年11月11日服役；
“密歇根”号（SSBN727）1982年9月11日服役；
“佛罗里达”号（SSBN728）1983年6月18日服役；
“佐治亚”号（SSBN729）1984年2月11日服役；
“杰克逊”号（SSBN730）1984年10月6日服役；
“亚拉巴马”号（SSBN731）1985年5月25日服役；
“阿拉斯加”号（SSBN732）1986年1月25日服役；
“内华达”号（SSBN733）1986年8月16日服役；
“田纳西”号（SSBN734）1988年12月17日服役；
“宾西法尼亚”号（SSBN735）1989年9月9日服役；
“西弗吉尼亚”号（SSBN736）1990年10月20日服役；
“肯塔基”号（SSBN737）1991年7月13日服役；
“马里兰”号（SSBN738）1992年6月13日服役；
“内布拉斯加”号（SSBN739）1993年7月10日服役；
“罗德岛”号（SSBN740）1994年7月9日服役；
“缅因”号（SSBN741）1995年7月29日服役；
“怀俄明”号（SSBN742）1996年7月13日服役；
“路易斯安那”号（SSBN743）1997年9月6日服役。

▲临战状态的“俄亥俄”级战略核潜艇

“俄亥俄”级全长 170.7 米，宽 12.8 米，水面航行时吃水 11.1 米，水上排水量 16600 吨，水下排水量 18750 吨，水下航速 24 节；全艇编制 155 人，其中军官 14 或 15 人；动力装置为 1 台通用电气公司的 S8G 压水反应堆、2 台蒸汽轮机和 1 台辅助推进电机。

“俄亥俄”级从首艇“俄亥俄”号到“内华达”号装载的是 24 枚三叉戟Ⅰ（C4）型潜射弹道导弹，该导弹为星体惯性制导，射程 7400 千米，8 个 10 万吨当量的热核弹头或 6 个 10 万吨当量的机动分弹头，圆公算偏差 450 米。从“田纳西”号开始装载三叉戟Ⅱ（D5）型导弹，该导弹为星体惯性制导，射程 12000 千米，12 个 15 万吨当量的分弹头或 7 个 30~47.5 万吨当量的机动分弹头，圆公算偏差 90 米。

▲正在海面上巡航的“俄亥俄”级战略核潜艇

“俄亥俄”级还装备了 4 具 MK68 型 533 毫米鱼雷发射管，可发射 MK48 鱼雷，线导加主 / 被动声自导，40 节时射程 50 千米，55 节时射程 38 千米，战斗部重 267 千克，潜深 900 米。

作战数据链为 AN/MK2 型，核心为 UYK43/44 型计算机。火控系统有 MK118 鱼雷发射控制装置和 MK98 导弹控制装置。水面搜索 / 导航雷达为 AN/BPS15A，I/J 波段。电子支援为 WLR–8（5）型，用于拦截。电子对抗为 8 座 MK2 型鱼雷诱饵发射装置。

安装的声呐主要为：AN/BQQ6，被动搜索；AN/BQS15，主 / 被动近距搜索，高频；AN/BQR15，被动拖曳阵；AN/BQR19，主动，导航，高频。

装备 C4 导弹的“俄亥俄”级配属太平洋舰队，以华盛顿州的班戈为基地；装备 D5 导弹的“俄亥俄”级配属大西洋舰队，以佐治亚州的国王湾为基地。“俄亥俄”级在海上巡逻 70 天后便要返回基地进行必要的补给和检修，25 天之后再回到海上。这种安排，使潜艇的出海时间占全服役期的 66%。

虽然苏联的“台风”级潜艇较“俄亥俄”级大了许多，不过其导弹携带量反倒比“俄亥俄”级少了 4 枚，就这点而言，“俄亥俄”级是较“台风”级成功的。1991 年苏联解体，“俄亥俄”级的建造工作在计划的 18 艘完成后，就再也没有建造。

美国“洛杉矶”级攻击核潜艇

“洛杉矶”级是美国第五代攻击型核潜艇，也是当前美国攻击型核潜艇的中坚力量。“洛杉矶”级潜艇自1976年首艇服役至今已有30余年的历史，是美国海军技术上最成功的一级攻击型核潜艇，也是目前在役数量最多的，共有62艘。该级艇外形细长，有较长的平行舯体，指挥台围壳高大并靠近艏部，艇艉是头瘦的纺锤形。为了降低噪声，该艇从艇体外形到机械设备均采取了相应降噪措施，并从SSN751号艇开始加装消声瓦，目前仍在安静性方面进行改进。

“洛杉矶”级是一级多用途攻击型核潜艇，可执行反潜、反舰、护航、布雷、侦察、救援等多种任务，装备“战斧”巡航导弹后还可执行对地纵深打击的任务，攻击俄罗斯核潜艇、为美国航母编队护航和打击陆上目标是它的主要使命。1986年，从第三十二艘起在艏部耐压壳的外部加装了12具“战斧”导弹垂直发射装置，并装备有反舰型和对地攻击型“战斧”巡航导弹。在1991年海湾战争中，有9艘“洛杉矶”级潜艇参战，其中2艘首次发射了“战斧”导弹。

“洛杉矶”级长109.7米，宽10.1米，吃水9.9米。水上排水量6080吨，水下6927吨。航速（水下）32节，潜深450米。人员编制133人。其动力装置为：1座S6G自然循环压水反应堆，寿命10年；2台蒸汽轮机，功率35000马力。武器装备为4具533毫米鱼雷发射管，配备“战斧”8枚、鱼叉4枚、鱼雷14枚。此外，该级艇还可布放MK67和MK60水雷。SSN719之后各舰加装12具MK36“战斧”巡弋导弹垂直发射管。电子设备AN/BQQ-A（V）综合声呐站及拖曳声呐基阵，MK17鱼雷火控系统、CCSMK1综合作战系统及BSY作战指挥系统。

“洛杉矶”级核潜艇是一级多用途攻击型核潜艇

俄罗斯"台风"级战略核潜艇

▲"台风"级战略核潜艇发射SS-N-20潜射弹道导弹

"台风"级是苏联第四代战略核潜艇，它是世界上最大的潜艇，比美国的"俄亥俄"级大了一倍左右，其设计与以往的核动力弹道导弹潜艇有很大的不同，20具导弹发射管置于巨大的帆罩前方，帆罩则位于舰身中段稍后。外艇上铺设了"集束护卫"无回音瓦，其中包覆着两个直径8.5米相互平行的内压力壳，内外艇壳间有很大的间距，内压力壳在艇艏及帆罩下方的直径为6米。艇内隔间与武器系统配置得宜，两个内艇壳各有一具核子反应炉，置于帆罩后方的艇体中而与机械室相邻。浑圆的舰体及短胖的帆罩使"台风"级有破坏3米冰层的能力。

艇上主要武器为SS-N-20三级固体燃料推进潜射弹道导弹，采用星光惯性导航，射程可达8300千米，可在潜航状态下发射，而使潜艇具有较高的安全性。"台风"级可在15秒内连续发射两枚SS-N-20导弹，相同时间其余的弹道导弹潜艇大多只能发射一枚导弹，这也说明了"台风"级将导弹发射管集中于帆罩前方的原因，在极短的时间内发射大量重达20吨的导弹势必产生很严重的平衡问题，若将导弹发射管与机械室一同置于舰艉则平衡问题会更难解决，因此将导弹集中在帆罩前方。

"台风"级庞大的舷宽外艇壳内的压舱槽可在遭受鱼雷攻击时产生安全气囊般的效应，以提供潜艇外的保护。除非是一枚相当重的鱼雷，能够使其爆炸力量继续向前损毁内艇壳，若是在一般的情况下，爆炸的威力多半被四周的水分分解了。

"台风"级水面排水量为18500吨，水下排水量26500吨。艇总长171.5米，水线长165米，艇宽24.6米，吃水13米，水下航速25节，水面12节。全艇编制175人，其中军官55名。动力装置为2座VM5型压水冷却式核子反应炉、2台GT3A蒸汽轮机、2台应急电动机和2个助推器。

该级装载有20枚马卡耶夫设计局的SS-N-20"鲟鱼"弹道导弹。该导弹采用三级固体燃料火箭推进，星体惯性制导，射程8300千米，具有10个分导弹头，每个弹头当量为20万吨，圆公算偏差500米。还有2具533毫米和4具650毫米鱼雷发射管，发射53型鱼雷、65型鱼雷以及SS-N-15和SS-N-16反潜导弹。

其电子设备主要包括"圆边帽"电子战设备、"公园灯"D/F雷达警戒设备、3R65数据控制系统；"魔对"（信天翁）对海搜索雷达，I/J波段；"鲨

▼“台风”级上装有 20 枚 SS-N-20 潜射弹道导弹

鱼鳃”中、低频主/被动搜索与攻击舰壳声呐，“鲨鱼肋”低频被动舷侧声呐阵，“鼠叫”高频主动攻击舰壳声呐；“黑蛎蛇”甚低频被动搜索拖曳基阵。

“台风”级核潜艇共建造了 6 艘，首艇 TK208 于 1977 年 3 月 3 日开工，1980 年 9 月 23 日下水，1981 年 12 月 12 日服役，1983 年退役；第二艘 TK202 于 1980 年 10 月 1 日开工，1982 年 4 月 26 日下水，1983 年 12 月 28 日服役，1991 年退役；第三艘 TK12 于 1982 年 4 月 27 日开工，1983 年 12 月 17 日下水，1984 年 12 月 27 日服役；第四艘 TK13 于 1984 年 1 月 5 日开工，1985 年 2 月 21 日下水，1985 年 12 月 29 日服役；第五艘 TK17 于 1985 年 2 月 24 日开工，1986 年 8 月下水，1987 年 11 月 6 日服役；第六艘 TK20 于 1987 年 1 月 6 日开工，1988 年 6 月下水，1989 年 9 月服役。

“台风”级原计划到 1995 年有 12 艘在役，后因经费紧张，苏联军方对该计划进行了削减，因此到 1989 年只建造了 6 艘。苏联解体后，俄罗斯军方受经费和技术等多方面问题的困扰，在维持有效的战略威胁的需求下，只得让 6 艘“台风”中的 3 艘退出现役，从而得到必需的零配件来保证余下的 3 艘处于良好的状态，使之能服役至 2015 年。但后因与美国达成一个协议，俄军方接受美方提供的资金对“台风”级战略核潜艇的第二艘进行拆解。

目前俄北方舰队有 2 艘“台风”级核潜艇在役，其中一艘“德米特里·东斯科伊”号正在进行现代化改造，不久可望重新服役。

▼“台风”级战略导弹核潜艇是迄今为止世界上最大的潜艇

俄罗斯“奥斯卡”级巡航导弹核潜艇

经过近20年的努力，苏联时期的巡航导弹核潜艇发展取得巨大成就，并对美国和其他西方国家海军构成相当大的威胁。但是，一方面，当时苏联无论是在巡航导弹方面还是在潜艇方面，都既与美国存在一定差距，也不能满足自己的战略需求；另一方面，美国海军大型水面舰艇在20世纪70年代又有新的发展，特别是“尼米兹”级核动力航母的服役，对苏联又构成新的威胁。因此，苏联需要发展新的潜艇。1978年，在北德文斯克造船厂“奥斯卡”级巡航导弹核潜艇正式开工建造。

“奥斯卡”级是俄罗斯第三代巡航导弹核潜艇，总设计师先为P·P·普斯蒂采夫，后为Y·L·巴扎诺夫。

其主要使命是攻击美国的航母编队，保护苏联的弹道导弹核潜艇，使敌方攻击型核潜艇难以接近苏联海军的舰队和基地，攻击敌方的大型集装箱运输船、超级油轮、运兵船以及其他有高价值的军辅船和民用船舶。

“奥斯卡”级共建2型。“奥斯卡”Ⅰ型只建2艘，自第三艘起艇身加长11米，排水量增加900吨。因此，第三艘以后称“奥斯卡”Ⅱ型。

“奥斯卡”Ⅰ型的2艘潜艇已于1996年全部退役，“奥斯卡”Ⅱ型是目前俄罗斯海军唯一一级巡航导弹核潜艇。

“奥斯卡”Ⅱ型是俄罗斯最新式的高性能核动力潜艇之一，它也是当今世界上武备最强的非弹道导弹核潜艇，代表着俄罗斯甚至是世界巡航导弹核潜艇的最高水平。其主要特点如下：

一、特殊的壳体。“奥斯卡”级采用了双壳体结构，艇体宽大，耐压壳体

▼冰海巨鲨——“奥斯卡”级巡航导弹核潜艇

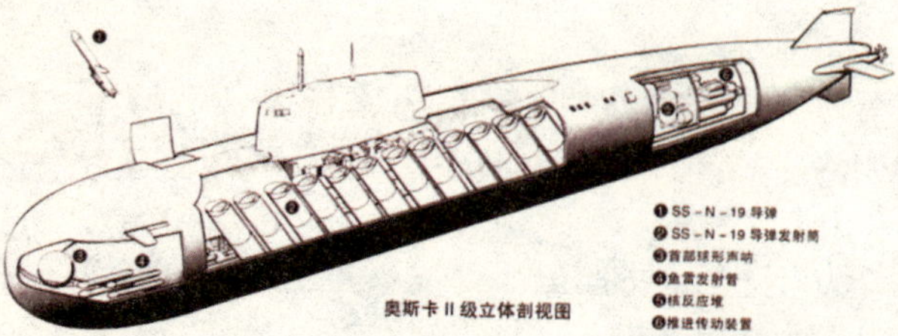

▲“奥斯卡”Ⅱ型立体剖视图

与非耐压壳体之间的两舷各约有 3 米的距离。西方国家曾认为，其双层壳体至少需 3 枚 MK46 型鱼雷才能击穿。从外形来看，“奥斯卡”级核潜艇酷似水滴型，长宽比近似于 8。但该级艇的艉部结构与西方的水滴型有所不同，它有两个锥形艉，两部螺旋桨轴分别从两个锥形艉中斜向伸出。另外，该级艇的指挥台围壳也较高大，舵鳍上有一个与 D－Ⅳ 弹道导弹核潜艇相同的管状结构，用于收放拖曳声呐阵列。

二、排水量大。“奥斯卡”II 型水下排水量达 18300 吨，设计如此大的排水量的主要原因：一是装备较多的武器，提高攻防能力，以便执行多种任务；二是提高独立作战能力；三是俄罗斯传统做法，采用双壳体结构。

▲俄罗斯海军“奥斯卡”级巡航导弹核潜艇

三、装备武器多，威力强。“奥斯卡”级潜艇最多时装 24 枚 SS－N－19 远程反舰导弹、12 枚 53 型鱼雷、12 枚 65 型鱼雷、16 枚 SS－N－15 中程反潜导弹和 16 枚 SS－N－16 远程反潜导弹，总计装载各种武器达 80 件。

四、应用新技术，隐身性好。该级潜艇应用了俄罗斯 20 世纪 80 年代获取的某些重大技术，在安静性、安全性方面取得长足进步。潜艇的壳体特殊，在两层壳体之间有厚度相当大的水，使声波的传输增加了四个界面，增大了折射和散射损失，声能量被衰减，大大减少了本艇噪声向外界传播，因此使潜艇很安静，用被动式声呐浮标很难探测到。

▲SS－N－19“花岗岩”超声速反舰导弹

五、采用新的导弹发射装置。潜艇每舷侧以 40 度前倾角布置 12 具 SS－N－19 巡航式导弹发射筒，两侧共 24 具，可在水下发射。围壳根部两侧各有 6 个长 6.5 米、宽 2 米的铰链式发射筒外舱口盖。这是俄罗斯潜艇首次采用倾斜式导弹发射装置。

“奥斯卡”级之后，俄罗斯已经停止建造巡航导弹核潜艇。

英国“前卫”级战略核潜艇

20世纪80年代，英国着手开发第二代战略核潜艇“前卫”级，这也是英国最新一级战略核潜艇。该级潜艇计划共建造4艘。首艇“前卫”号于1986年9月开工，1993年8月正式服役。该级艇长149.9米，宽12.8米，水上航行时吃水12米，水下排水量15900吨，水下航行时最大航速25节，全艇编制135人。其主机为1台罗尔斯－罗伊斯公司的PWR－2型压水反应堆和2台蒸汽轮机。

◀英国『前卫』级战略核潜艇巡弋港湾

“前卫”级采用了英国首创的泵喷射推进技术，可以有效地降低辐射噪声。

▲英国目前有64枚核弹头分别装载在4艘“前卫”级核潜艇上

其艇体外表全部用手工敷设有可降低噪声的消声瓦，因此，其安静性和隐蔽性尤为出色。另外，该级潜艇的安全性、可靠性、机动性与可维修性较以往均有明显提高。艇上可载16枚美制三叉戟Ⅱ型战略导弹，射程12000千米，星体惯性制导，圆公算偏差90米。每枚导弹携带8个由英国自己制造的核弹头，当量15万吨，全艇总共装载128个核弹头。该级潜艇艇艏装载4具533毫米鱼雷发射管，可发射“捕鲸叉”潜射反舰导弹和“矛鱼”、“虎鱼”MK24-2型鱼雷。其战术数据系统为SMCS型，该系统通过数据总线把传感器与战术武器系统连接起来，主要包括综合声呐站、中央指挥系统和鱼雷/导弹发射系统。声呐为2054型综合多频声呐基阵和2046型拖曳声呐基阵。

英国“机敏”级攻击核潜艇

▲英国海军“快速”级攻击核潜艇

“机敏”级攻击核潜艇是英国皇家海军正在建造的新一代攻击型核潜艇，也是冷战结束后英国海军研制的首级核潜艇，将用以取代现役“快速”级及“特拉法尔加”级攻击型核潜艇。与早期的“快速”级和“特拉法尔加”级相比，“机敏”级攻击型核潜艇的外形尺寸和排水量更大；能携带更多的武器和更先进的电子设备，攻击能力更强；采用了多种减震降噪措施，安静性能更好。其整体技术和战术性能已接近美国和俄罗斯海军先进攻击型核潜艇的水平。

“机敏”级的建造是在英国海军“沉沦”的过程中浮出水面的。自冷战结束以来，英国国防经费大幅下降，国防采购规模也大大缩水，尽管先后多任海军高官大声疾呼“保护本国和盟国的利益，英国海军必须能到盟国以外的全球任何地区活动”，但是海军实力萎缩却是不争的事实。对于皇家海军的潜艇部队来说，从1983年开始逐步加入现役的7艘“特拉法尔加”级攻击核潜艇目前仍是主要的水下打击力量。

在数年的研发过程中，“机敏”级的造价目前已攀升至约12亿英镑，如此天价是造成其一路坎坷的重要原因，同时也是“机敏”级真正达到更大、更强、更隐蔽的设计要求的有力保障。

▼2007年6月8日，英国海军一艘最新型“机敏”级核潜艇下水

2006年6月6日，位于英国法布罗的老牌军火企业BAE系统公司正式对外宣布，随着建造工作的接近尾声，皇家海军向该公司订购的首艘“机敏”级攻击型核潜艇于2007年6月8日下水（计

划于 2009 年 1 月股役）。下水仪式规模空前，有数千人出席活动，其中包括上百名贵宾，从皇室成员到战功赫赫的退役老将军都在受邀之列。如此隆重的下水仪式让人们不禁回想起“机敏”级的开工典礼：2001 年 1 月 31 日，在英国皇家海军第一艘潜艇“荷兰 1 号”铺设龙骨 100 周年纪念之际，400 名嘉宾出席了在德文郡霍尔船厂举行的“机敏”级首艇的开工庆典。从投入生产到即将建造完成，“机敏”级得到了太多的宠爱与荣耀，英国海军则在其身上寄托了未来水下舰队的光荣与梦想。

▶英国海军『机敏』级攻击核潜艇海面航行想象图

“机敏”级艇长 97 米，水下排水量 7800 吨，最大潜深 500 米，水下航速为 32 节，拥有 6 个 533 毫米的鱼雷管，可携带 38 枚“旗鱼”重型鱼雷、“战斧”巡航导弹以及“捕鲸叉”反舰导弹，武器火力超过“特拉法尔加”级 50%。由于安装了喷水推进装置，“机敏”级成为世界上第一种不用螺旋桨推进的潜艇，消除螺旋桨噪声为其带来前所未有的安静性能，大幅提高了其反侦察能力。

◀英国皇家海军『机敏』级攻击核潜艇水下航行想象图

动力装置为“前卫”级战略核潜艇所用的罗尔斯－罗伊斯 RRPWR2 核反应堆，这种反应堆堆芯寿命为 25~30 年，而以前的核潜艇每 10 年就要更换一次核燃料；装 2 座 GEC 蒸汽轮机，单轴；泵喷推进器；2 座涡轮发电机；2 座柴油交流发电机组；2 台应急驱动电机；1 台可收缩辅助推进器。

尽管“机敏”级比“特拉法尔加”级 I 型（水上排水量 4740 吨，水下排水量 5208 吨）要大出许多，但艇员却少 22 人，只有 108 人。108 名艇员轮班当值，共用铺位，因而设计的住舱不适合女性。

德国 214 型常规潜艇

德国拥有强大的技术实力和雄厚的工业基础，因此在常规潜艇研制方面一直保持领先的地位，其 U 型潜艇在两次世界大战中因其卓越的性能而战功显赫、闻名于世。二战结束前，德国在新研发的潜艇上采用流线型艇体和使用水下通气管，首次实现了潜艇水下航速超过水面航速，使潜艇在潜望深度即可使用柴油机航行，大大提高了潜艇的隐蔽性，这一开创性设计成为战后潜艇发展的主流，是潜艇技术发展史上的一个里程碑。

◀闻名于世的德国 U 型潜艇

二战后，由于国际公约限制德国潜艇的吨位以及考虑到本国潜艇主要在波罗的海活动等情况，德国开始了发展紧凑型潜艇之路。由德国设计的各种类型的常规潜艇在不少国家海军服役。

20 世纪 60 年代后，国际社会对德国建造潜艇的吨位有所放宽，其潜艇吨位逐渐增大，相继研制建造了 11 艘 205 型潜艇、18 艘 206 级潜艇、15 艘 207 级潜艇和 61 艘 209 级潜艇。由于紧跟时代步伐，采用同时代先进技术，而且价格适宜，从 20 世纪 70 年代初到现在，209 级潜艇在国际潜艇市场上深受欢迎。

214 型潜艇是德国在畅销全球的 209 级潜艇基础上设计出来的新一代潜艇，该潜艇继承了德国霍瓦兹德意志船厂建造的潜艇的所有优点，同时还吸取了多年来在建造 209 级潜艇过程中积累的经验和教训。

2001 年 1 月 16 日，霍瓦兹船厂开始建造第一艘 214 型潜艇，2004 年 4 月 22 日对首艇命名，2005 年 9 月 30 日交付了首艇。214 型潜艇总长约 65 米，高约 13 米，耐压艇体直径约 6.3 米，水面排水量约 1700 吨，水下排水量 1980 吨，编制 27 人。

▲209 型常规潜艇，214 型就是在其基础上设计出来的

小排水量、卓越的隐身性能以及较高的有效负载，使 214 型潜艇能在浅海和深海满足当今各种作战需求。除已与希腊签订 4 艘销售合同外，又与韩国签订了销售 3 艘的合同，首艇“孙元一”号已经于 2006 年 6 月 9 日下水，后续艇将在 2007～

2009年间陆续交付使用。

214型潜艇的艇型在水动力和目标强度参数方面做了大量优化，特别强调了翼板的几何形状。

由于214型潜艇采用了模块化设计概念，所以对一些设计做些修改变得非常容易。214型的设计方式也非常灵活，未来在武器和传感器技术上的革新或舰艇技术系统的创新，该级潜艇都能接受。214型潜艇是新一代长续航力潜艇，在设计上采用了面向未来的新技术。

当214型潜艇以2～6节航速进行水下巡逻时，燃料电池系统能使其在水下连续航行3个多星期。在通气管状态以6节速度航行时，燃油储备可使其具有12000海里续航力及12个星期的海上续航时间。

214型潜艇续航力为50天，艇员30人，外加5名训练人员。在执行任务过程中，可以数次以16～20节的冲刺速度航行几个小时，从而能够在作战过程中迅速赶赴或离开战场，完成任务后可以迅速恢复到超安静潜航状态，整个过程不需浮出水面或对电池进行再充电。巡航和声呐截听速度为2～6节，此时可以单独由燃料电池驱动。214型潜艇的水下续航力由所携载的燃料数量决定，一般来说，一次装载燃料后可连续潜航3个星期而不需上浮通气。自噪声较小，信号特征较低，自身声呐系统工作在低频波段，被探测的可能性很小。

214型潜艇艏部有8具全尺寸鱼雷发射管，可发射各种类型鱼雷。Ⅲ、Ⅳ、Ⅶ和Ⅷ号鱼雷发射管还装备了一套与212级和“海豚”级类似的用来发射导弹的导弹发射系统。8具鱼雷发射管可以实现快速再装填。214型潜艇总共可以携载16枚重型鱼雷，必要时还可以换装水雷和导弹。

214型潜艇携载了先进的、模块化的、灵活的武器和传感器系统，再加上燃料电池不依赖空气的动力装置，使水下续航力大大增加，减少了“暴露率”，提高了隐身性能。该级潜艇既适用于近海浅水水域的作战，还可用于远洋作战。具体可以执行反舰和反潜、监视、搜索、侦察、布放水雷、搜集情报以及一般性训练和作战行动。

由于214型潜艇是在209级和212级潜艇基础上发展而来的，综合吸收了两级潜艇的优点，同时还吸取了近年来水下防御技术的最新成果，因而该级潜艇在某种程度上代表了当今常规潜艇的先进水平。

214型常规潜艇进行海试

瑞典“哥特兰”级常规潜艇

▼“水怪”级常规潜艇

瑞典常规潜艇的发展起源可追溯到20世纪初叶，1904年建成的“鲨鱼”级潜艇就是见证。在随后的岁月里，瑞典在差不多固定的时间间隔内陆续建造了5级24艘吨位不同、结构各异的潜艇。瑞典海军对柴–电潜艇近似于偏爱，而对核动力潜艇从未染指。他们非常注重柴–电潜艇技术发展的连续性，采用短周期、小跨度、高水平的方针，循序渐进地推动潜艇技术不断发展进步。每级新潜艇的设计总是以水动力学研究新成果为基础，每型潜艇尽量采用1~2项新技术和新设备，以至一级潜艇建造完工后，下一级潜艇设计通常已取得进展，每型潜艇都有所突破。所以自1960年“斯鸠曼”（A12）级潜艇开始，到“水怪”级（A14）、“西哥特兰”级（A17），再到20世纪80年代的471级潜艇，都是按惯例进行研制的。上述潜艇在当时所处的时代都属世界一流水平。

1983年开始建造、1990年全部建成的4艘“西哥特兰”级服役后，瑞典海军便开始酝酿研制“哥特兰”级（A19）潜艇，以替代20世纪60年代服役的“斯鸠曼”级。他们要求“哥特兰”级潜艇在“西哥特兰”级潜艇获得研制经验的基础上更上一层楼。经过20世纪80年代初中期广泛的预先研究和可行性研究，他们选择了一个突破点：增加水下续航力，即在新设计的潜艇上安装一套技术成熟的不依赖于空气的AIP推进装置。

▶“哥特兰”级首艇“哥特兰”号于1996年9月2日服役

“哥特兰”级首艇“哥特兰”号于1992年11月20日开工建造，1995年2月2日下水，1996年9月2日服役。另两艘“阿普兰”号及“霍尔兰”号也于1997年服役。这标志着战后常规动力潜艇技术取得了具有历史意义的突破性进展，“哥特兰”级是世界上第一批装备了不依赖空气推进系统 AIP 的常规潜艇。

“哥特兰”级潜艇长 60 米，宽 6 米吃水 5.6 米，水上排水量 1240 吨，水下排水量 1490 吨，水上最大航速 11 节，水下最大航速 20 节，极限下潜深度 300 米，艇员编制 28 名，其中军官 5 名。

“哥特兰”级潜艇的最大特点之一是在柴－电动力装置的基础上加装了一套斯特林 AIP 系统，该系统作为辅助动力装置使潜艇的潜航时间增加到 2~3 周，航程达数千海里，这是“哥特兰”级潜艇优于一般常规潜艇的一个重要标志。整个动力推进系统的操纵高度计算机化，大多数监控功能都是自动的。不过，为了确保安全，另备有手动备份与应急方式，一旦需要，随时启用。正是这种独特的闭式循环混合动力系统的加装，才使该级潜艇成为世界潜艇发展史上的一个重要里程碑。

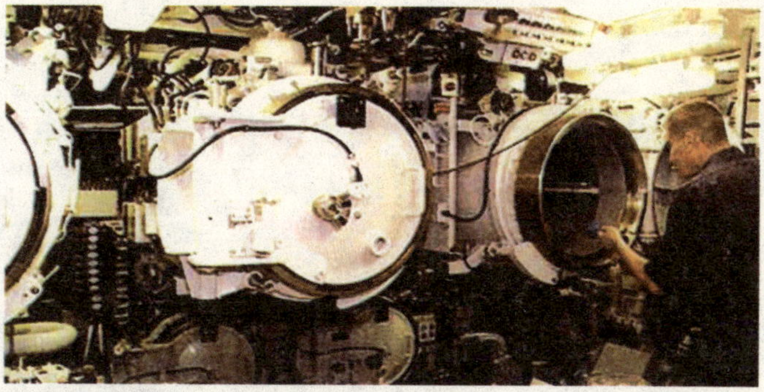
▲『哥特兰』级常规潜艇鱼雷发射管

“哥特兰”级潜艇携带的武器不仅种类多，而且性能好，仅鱼雷就有 3 种：TP2000 型、613／62 型及 432／451 型。

隐蔽性好也是“哥特兰”级潜艇的主要特点之一。该级艇的所有重要设备均安装有减震装置，重要舱室也采取了隔震措施。例如，整个指挥控制室、艇员居住室以及推进系统控制中心等舱室均通过橡胶隔震器与艇体相连接。这样既可使重要的设备和舱室尽量避免艇外巨大冲击力（如爆炸冲击、水压冲击等）的破坏与干扰，又能降低艇内辐射噪声的传递。另外，该级艇装有三维自动控制消磁系统，将磁信号特征降到最低程度。上述措施大大提高了潜艇的隐蔽性。

瑞典海军把现代最新技术与高效低耗融为一体，把最先进的作战系统和 AIP 系统相结合，使该级艇成为目前世界上最先进的常规潜艇之一。

“哥特兰”级潜艇的主要使命是保卫瑞典 1700 千米海岸线，既可执行反潜和反舰作战任务，又执行布雷、运送蛙人及近岸侦察等一般任务，平时亦可用作训练平台。它是瑞典海军 21 世纪的骨干力量。

▲『哥特兰』级常规潜艇装备有『斯坎特尔』I 波段导航雷达和单光电潜望镜

法国“阿戈斯塔”级常规潜艇

自第二次世界大战至20世纪60年代末期，法国总共发展了2级12艘常规动力潜艇，其中“一角鲸”级3艘、“女神”级9艘。“一角鲸”级是20世纪50年代研制的潜艇，性能相对落后。而“女神”级是20世纪60年代建成服役的小型潜艇，吨位小、低航速、低续航力使得其不适应在北海和北大西洋等海域的作战需求。况且，自“女神”级潜艇服役以来，世界潜艇技术已有突飞猛进的发展，水滴型线型的发明、自动寻的线导鱼雷的问世、集成电路数字式火控系统的应用以及推进电机超载大功率的运行方式等，使常规潜艇的机动性、生存力和作战能力得到很大提高。鉴于上述种种情况，法国海军决定于70年代初研制一级新型常规潜艇“阿戈斯塔”级潜艇。

▲“阿戈斯塔”级常规潜艇

“阿戈斯塔”级潜艇的首艇“阿戈斯塔”号1972年开工建造，1977年7月建成并服役。该级潜艇共建造了4艘，1978年全部在法国海军中服役。

“阿戈斯塔”级潜艇的主要使命是在大洋执行巡逻与侦察任务，既可反潜又可反舰。

“阿戈斯塔”级潜艇长67.6米，宽6.8米，吃水5.4米；水面排水量1510吨，水下排水量1760吨；水面最大航速12.5节，水下5分钟工作制时最大航速为20.5节，1小时工作制时航速为17.5节，12.5节航速下的续航力达4500海里，通气管航态9节航速下的续航力为8500海里，水下3.5节航速下的续航力为350海里，自持力45天，下潜深度320米；艇员编制54人，其中军官7名。

“阿戈斯塔”级潜艇仍然沿用了法国老式潜艇的双壳体结构，双层壳体之间布置有压载水舱和燃油舱。艏部圆钝，横剖面呈椭圆形。耐压艇体艏端采用平面封头，便于布置鱼雷发射管；舯部为圆柱形流线体；艉部尖瘦，耐压艇体艉部端面为球面模压封头。为了减轻重量，指挥台围壳采用玻璃钢制造。

该级艇由2个耐压水密隔壁将耐压艇体分隔成3个耐压舱段。该级艇按用途可分成5个舱室：鱼雷舱、指挥舱、生活舱、柴油机舱及推进电机舱。

▲法国『阿戈斯塔』级潜艇已得到很多国家海军的承认，已有多艘销售到国外

鱼雷舱前面布置有4具533毫米鱼雷发射管，后面存放16枚备用鱼雷，并设有鱼雷装填装置。

“阿戈斯塔”级潜艇的动力装置包括2台柴油发电机组、2组蓄电池、1台主推进电机和1台经济航行电机。采用推进电机推进时，航速可在3.5~20.5节之间均匀调速；采用经济航行电机推进时，航速低于4节，此时只需要使用一组蓄电池供电。经济电机可在无需冷却的条件下使艇以1.5节的航速缓慢航行。

“阿戈斯塔”级潜艇装有依莱顿型综合声呐系统。该系统是法国20世纪80年代初研制的产品。它主要装备DSUV-2H型被动声呐和DUUA-2A型主/被动声呐及DUUA-2B型被动声呐、DUUX-5型被动测距声呐、DUUG-6型侦察声呐及NUUS-8A回声测深仪等。

▼正在组装中的巴基斯坦“阿戈斯塔”级潜艇，该级潜艇从第三艘开始加装AIP动力系统

“阿戈斯塔”级潜艇不仅在“女神”级潜艇的基础上有所改进，而且直接吸取了法国核潜艇的一些设计特点。在设计思想上，把重点放在提高水下航速、水下续航力、降低噪声、加强武备、提高自动化程度等方面；在设备选型上，尽量采用本国研制成熟的新设备与新技术，使该级潜艇基本上达到了设计指标要求，总体性能有所提高。正因为该级潜艇具有良好的水下航行性能和很强的作战能力，所以它不仅倍受法国海军的欢迎，而且还得到外国海军的承认，已有6艘这类潜艇销售到西班牙和巴基斯坦等国。

以色列"海豚"级常规潜艇

▲俯瞰"海豚"级潜艇

以色列的3艘"海豚"级常规潜艇是德国为以色列设计建造的，并得到了德国政府资金支持。德国的潜艇从二战时就名噪一时，至今仍然是潜艇研制生产的大国，它的U209型潜艇出口到世界各地，现在又不断有最新的U212和U214以及U309型潜艇出台。"海豚"级在德国吕贝克工程事务所的编号为800型，是在德国最畅销的209级1400型和德国海军自用型212级柴-电潜艇的基础上进一步改进的，是目前德国建造的同型潜艇中性能最好的。

"海豚"级首艇于1996年下水，第二艘1997年下水，第三艘1998年下水。2000年，这三艘潜艇都已经进入了现役。该级潜艇的主要任务是执行封锁、监督和一些特殊的任务。它们将取代1977年服役的"戈尔"级潜艇。

"海豚"级在基本结构上类似德国海军的212型，但是增加了一个供潜水人员进出的舱段，以适应经常使用蛙人进行特种作战的以色列海军需要。"海豚"级潜艇水上排水量1454吨，水下排水量1720吨，长73米，宽9.5米，吃水6米，乘员35人。

▶以色列「海豚」级潜艇

"海豚"级潜艇的推进系统可以为潜艇提供最大20节的水下航速。水面航行8节时，航程可达8000海里；水下航行8节时，航程可达400海里。最大下潜深度为350米。自持力为30天。

"海豚"级潜艇的船体结构是传统的单壳体。线型经过优化设计，达到低阻力，并可避免流动噪声。"海豚"级的耐压壳体由高强度、高弹性的HY80潜艇专用钢制造。为了满足沿海潜艇的要求，艇内大部分舱段都采用双层甲板布置。

总布置（从艏至艉）概括如下：上层甲板，居住舱、冷藏舱和厨房、作战情报中心、技术控制中心；第二层甲板，鱼雷发射管、武器储存室和电子设备室；底层，蓄电池舱、辅机舱、油舱和污水舱；机舱位于艇后半部分，占一层甲板。机舱内主要部件有：主推进电机、3台柴油发电机、液压站、2台高压空压机、主污水泵。为了维修保养方便起见，在机舱顶部备有维修开口，不用切开壳体就能将柴油机整体移出。为使艇员在海上长久逗留时保持良好状态，设计的居住条件允许艇员同时休息、进餐或娱乐，即卧室专用于睡觉，另外设有餐厅等。为了改善艇员舒适度，配置较多卫生间。大型冷藏柜可长时间保存较多的新鲜食物。

因为采用优化线型设计和较小的长度/直径比，“海豚”级潜艇有很高的机动性。潜艇行驶由适合浅海操作的高性能X型舵结构和位于壳体前部的艏水平舵进行控制。由于停靠码头的实际原因，X型舵的大小限定在壳体直径范围之内。潜艇的机动由操舵站执行，它是一个双座位的单人控制杆/盘结构。在操舵站之中还综合了安全包络线设置，只要潜艇航行姿态超过包络线，操舵员就会接收到有关操纵自由空间信息或警报。

▲以色列的三艘『海豚』级常规潜艇是由德国为以色列设计建造的，并得到了德国政府资金支持

“海豚”级潜艇采用单轴驱动，推进系统为常规柴-电联合动力系统，包括三台MTU16V396SE84柴油机、三台MTU750千瓦交流发电机以及一台水下推进用的西门子主推进电机。两组蓄电池向主配电板供应电能，主配电板与蓄电池及主推进电机连接，以便能提供螺旋桨所需的电能。

“海豚”级潜艇的武器控制系统是ISUS90-1TCS。该型潜艇可以搭载16枚鱼雷或舰舰导弹。舰舰导弹是潜射的“鱼叉”导弹，导弹是高亚声速，射程130千米，挟载弹头重227千克。

该级潜艇有10个舰艏鱼雷发射管。其中4座是650毫米鱼雷发射管，它可以发射鱼雷，也可以用做蛙人投放。其余6座是533毫米鱼雷发射管，发射DM2A3型鱼雷。该型鱼雷最大射程13千米，航速35节，弹头重260千克，采用线导主动自引导。如果采用被动自引导，降低航速为22节，鱼雷射程可达28千米。“海豚”级也可以搭载水雷。

该潜艇的雷达告警接收仪是4CH（V）2型Timnex电子支援系统。该系统接收、识别、显示和记录雷达信号的参数。“海豚”级潜艇装备Elta水面搜索雷达，工作于I波段。它的声呐组件包括CSU90型舰壳被动/主动搜索和攻击声呐，PRS-3型被动测距声呐，FAS-3型艇侧被动搜索阵列声呐。

两栖攻击舰

两栖攻击舰是携载直升机、用于输送登陆部队及装备的登陆舰船，也称直升机登陆运输舰。主要是使用直升机输送登陆兵进行垂直登陆，以提高登陆作战的突然性、快速性和机动性。两栖攻击舰也可以作为舰队的核心，当作旗舰来使用，组成一个两栖战斗群。

美国“黄蜂”级通用两栖攻击舰

1985年，美国海军提出了“超视距突击登陆”的两栖作战模式，其实质就是充分利用直升机、垂直起降飞机、气垫登陆艇等新型登陆装备速度快、机动灵活、能轻易逾越障碍的优势，在视距外发起两栖攻击，从而实现大规模快速立体登陆作战的目的。“黄蜂”级两栖攻击舰就是在这一背景下应运而生的。

▼『黄蜂』级是美国海军建造的新一级多用途两栖攻击舰

“黄蜂”级共建8艘，首舰于1989年服役，最后一艘于2007年开始服役。它是美国海军专为搭载AV-8B“鹞”式垂直/短距起降飞机和新型LCAC气垫登陆艇而设计的。该级舰集直升机攻击舰、两栖攻击舰、船坞登陆舰、两栖运输舰、医院船等多种功能于一身，具有很强的综合性能。

该级舰是目前世界上两栖舰艇中吨位最大、搭载直升机最多的舰艇。其机库面积1394平方米，有3层甲板高，可存放28架CH-46E直升机。飞行甲板上还可停放14架CH-46E或9架CH-53E直升机。舰艉部机库甲板下面是长为81.4米的船坞舱，可运载12艘LCM6&127机械化登陆艇或3艘LCAC气垫登陆艇。船坞舱前面是一个二层车辆舱，可装载坦克、车辆约200辆。

“黄蜂”级两栖攻击舰携载登陆部队及其装备物资的能力也是很强的，其典型的登陆部队搭载能力为74名登陆人员，5辆Ml型坦克、25辆轻型装甲车、8门M198榴弹炮、68辆卡车、l辆燃料车及其他类型车辆。该级舰还有较齐全的仅次于医疗船的医疗设施，舰上有600张病床及多个手术室、诊室等。

“黄蜂”级两栖攻击舰的主要任务是进行两栖攻击和为陆战队提供空中支援，它可搭载30架CH-53D/E、CH-46E、AH-17、SK60B/F直升机和6~8架AV-8B型飞机。但与众不同的是，该级舰还能起制海舰的作用，这时舰上搭载有20架AV日8B型飞机和6架SH-60B/F反潜直升机，它们可承担近程战术攻击任务和反潜任务，或为水面舰艇编队提供空中保护，充当航空母舰的角色。

▼“黄蜂”级两栖攻击舰上的舰载直升机

美国 LHA-R 两栖攻击舰

目前，美国海军正在极力推行“前沿存在，由海向陆”的新海军战略。根据新的海军战略，美国海军的作战对象已转变为重点对付对美国利益构成威胁或潜在威胁的第三世界国家，作战海域转变为以近海和沿岸为主，作战样式转变为两栖作战、战区导弹防御、近海反潜等。这就决定了美国海军对两栖战舰更加倚重。

美军设想在新世纪“同时打赢两场局部战争”，这就要求美国海军两栖舰队具有在未来作战中同时投送 2.5 个（甚至 3 个）海军陆战队远征旅的能力，而美国海军现有的登陆能力尚不超过 2 个远征旅。要实现这一目标，美国海军必须建设并保持 12 个两栖戒备群。每个两栖戒备群至少由 3 艘舰组成，即 1 艘“黄蜂”级（或“塔拉瓦”级）两栖攻击舰、1 艘“圣安东尼奥”级两栖船坞运输舰和 1 艘“惠得贝岛”级（或“哈泊斯费里”级）船坞登陆舰。然而，1976~1980 年入役的 5 艘“塔拉瓦”级舰已经老化，现在虽然已开始接受现代化改装，但并不能延长其使用寿命。所以研发新型两栖登陆舰 LHA-R 的计划被提上日程。

LHA-R 两栖攻击舰是美国开发的新一代大甲板两栖攻击舰，用于替代即将达到服役年限的“塔拉瓦”级两栖攻击舰。该级舰是实现美国《海上力量21》设想中“海上打击”和“海上基地”的核心舰艇之一。在设计之初共有 3 种可供选择的设计方案：“黄蜂”级（LHD）第八艘“马金岛”号、LHD-8 改进型以及全新的航母型两栖舰。

LHA-R 两栖攻击舰全长 280 米，宽 34.8 米，满载排水量 50000 吨。动力系统将利用先进的船体设计和推进系统，使用由 2 台通用动力公司的 LM2500 加强型燃气轮机组成的电力推进系统。最大航速 22 节，舰员编制为 1000 人。主要武备包括 2 座“海麻雀”导弹发射装置、3 套“密集阵”近程防御系统和 8 挺机枪。

▼美国 LHA-R 两栖攻击舰 3D 模型

为了支援岸上海军陆战队的作战，LHA-R两栖攻击舰设计了强大的航空能力：飞行甲板在长度、宽度上比“黄蜂”级分别增加了22米和3米；能容纳20～25架短距起降和垂直起落型F-35联合攻击战斗机（现役“塔拉瓦”级两栖攻击舰仅能配置6架AV-8B“鹞”式战斗机），而海军陆战队还希望能将联合攻击战斗机的搭载数量进一步增加到30架。此外，舰上还能容纳多种类型的直升机和MV-22“鱼鹰”偏转翼飞机。上述机型将在今后陆续装备美国海军陆战队和新组建的快速反应登陆舰队。

▼美国LHA-1『塔拉瓦』级两栖攻击舰

LHA-R两栖攻击舰的标准舰载机编队包括6架F-35战斗机、12架MV-22偏转翼飞机、4架CH-53重型运输直升机、4架AH-1Z攻击直升机、3架UH-1Y通用直升机以及2架MH-60特种战斗直升机。该级舰的航空燃料装载能力也相应得到提高，一共可携带160万加仑（600万升）航空燃油，是“黄蜂”级的近2倍。

LHA-R两栖攻击舰还扩充两栖运输能力，特别是货物和车辆的运输能力，舰内货舱容积达3965立方米，车辆甲板面积为2362平方米，可配置先进两栖突击车、坦克等装甲车辆和1800人的登陆部队。舰船的整体性能在未来的改装中不会随重量和容量的增加而下降。为防范自杀性恐怖袭击，在武备方面与LHD-8舰相同，由应用舰载机、防空系统、近程防御系统和机枪构成的多层防御保护自身安全。

▼美国LHA-R两栖攻击舰

法国“西北风”级两栖攻击舰

“西北风”级两栖攻击舰是法国开发的第四代两栖舰，用于替代20世纪60年代服役的“暴风”级船坞登陆舰，满足法国海军对于兵力投送和指挥的需求。“西北风”级共造2艘，2004年第一艘“西北风”号下水，2005年服役。同年，第二艘“雷鸣”号下水，并于2006年服役。

▲“西北风”号透视图

“西北风”级两栖攻击舰是法国为适应北约组织增强海上输送能力要求而建造的。法国本来已有一支较强的两栖舰队，装备有2艘“闪电”级和2艘“暴风”级大型两栖船坞登陆舰，其中“闪电”级还是20世纪90年代服役的新型战舰。但法国海军认识到，法国只有一艘“戴高乐”号航母在役，假若“戴高乐”号航母需大修或修整时，便不能提供多国作战的指挥平台和有力支援垂直登陆的舰艇了，这与它的海上强国身份太不相称。况且，“暴风”级已经服役40年，日益老旧，难以适应现代作战的需求。于是在2000年，法国海军与舰艇建造局签订了4.72亿美元的合同，用商业标准建造“西北风”级两栖攻击舰。设计工作于2002年完成。太平洋船厂负责建造舰艏部分和舱室模块，布雷斯特船厂负责建造舰舯、舰艉和全舰总装合拢任务。

“西北风”两栖攻击舰舰长199米，舰宽32米，吃水6.2米，飞行甲板面积5200平方米，满载排水量21500吨。位于舰舯靠后右舷的上层建筑结构采用具有隐形性能的集成化设计，改变舰上部结构几何形状，凸显简洁舰面；用固态电扫描阵替代旋转天线；采用封闭式桅杆，在关键部位采用多功能复合材料，既降低了舰体雷达反射信号特征，又能抑制红外辐射和消除电磁干扰。

▲法国“西北风”级两栖攻击舰首舰“西北风”号

采用全电式推进是“西北风”级舰的一大特色。它取消了传动机械、主轴和舵机等复杂装置，简化了总体结构，提高了动力系统可靠性。其电力由4台柴油发电机提供，总功率20.8兆瓦。航速19节，以15节速度航行时续航力1100海里。它装备的主要武器是最大射程6千米的“西北风”舰空导弹和2座30毫米舰炮。舰上800平方米的专用区设置了专供指挥部用的综合通信系统、数字计算机中心系统和一系列子系统，为“西北风”级舰担任舰队旗舰和多国部队作战指挥舰提供了很好的条件。

▲法国海军接装的第二艘“西北风”级两栖攻击舰

▲“西北风”级“西北风”号两栖攻击舰

▲完成一半舰身的法国“西北风”号两栖攻击舰

“西北风”级两栖攻击舰装载能力很强。它的飞行甲板上可同时起降6架直升机。飞行甲板下是面积达1800平方米的直升机库，可停放16架NH90或“虎”式直升机。舰上设有面积1000平方米的车辆库，可装载60辆装甲车或12辆“勒克莱尔”坦克。舰后部有大型坞舱，用于装载2艘LCAC大型气垫登陆艇或4艘LCM通用登陆艇。舰上除了编制160人的舰员舱外，还有能装运450名全副武装海军陆战队队员的载员舱区，另有一个设69张病床的医院，还有保障45天生活需要的生活用品舱。

高新技术提高了“西北风”级舰的自动化程度。它既可执行两栖作战任务，也可担当多国部队联合作战指挥舰任务，还能承担各种支援任务。它是一种整体性能优良的新型多功能两栖攻击舰。

日本“大隅”级两栖攻击舰

“大隅”级两栖攻击舰主舰体横断面呈 V 字型，舰艏具有较大的前倾斜度，两舷外飘。上层建筑呈倒 V字型结构，采用向内倾斜角度。上述举措将有助于减小雷达反射波强度，从而实现了较好的隐身效果。由于排水量和吃水深度增大，“大隅”号的装载量是日本海上自卫队现役最大的“三浦”级坦克登陆舰的 3 倍，一次可运载 1000 名陆战队员、10 辆 90 型主战坦克及数架 CH-47 型重型直升机。

▲日本建造的“大隅”级两栖攻击舰

传统登陆舰的舰艏近水线处一般设有大门和跳板装置，主要是为了使坦克、车辆和登陆部队在敌岸直接抢滩登陆。这就要求舰艏部位线型肥钝，因而对于提高舰艇的航速和适航性都是不利的。“大隅”号舰艏不再开门，舰体水线以下部分比较尖瘦，水线以上部分充分向外伸展，从而大大降低了航行阻力，提高了舰艇的航速和适航性能。该舰舰艉设置了升降机井梯，搭载 2 艘从美国订购的气垫登陆艇；主甲板上配备 2 部大型直升机升降机，用来搭载 CH-47 型重型直升机。该舰的使用，突破了日本海军以往登陆舰单一的抢滩登陆模式，实现了既可凭借气垫登陆艇抢滩登陆，又可以借助舰载直升机实施垂直登陆。

▼“大隅”号的建成创下了战后日本海军舰的艇史上数个第一

“大隅”级两栖攻击舰舰长 178 米，宽 25.8 米，吃水 6 米；标准排水量 8900 吨，满载排水量 14700 吨；飞行甲板长 130 米，宽 23 米；航速 22 节；舰员编制 135 名。

“大隅”级舰体是按两栖攻击舰设计和建造的，但目前是按两栖船坞运输舰进行系统配置的，因而留有较大的改装余地。其车辆甲板可以改装为机库，飞行甲板首端可以加装滑跃式起飞甲板，使其可以搭载直升机和垂直短距起降飞机混合航空组，成为真正意义上的两栖攻击舰，可以执行两栖作战、制海和反潜任务。

战列舰

战列舰又称为战斗舰、战舰，是一种以大口径火炮的攻击力与厚重装甲的防护力为主的大型海军作战舰艇。战列舰是人类有史以来创造出的最庞大、复杂的武器系统之一，在其极盛时期——20世纪初到第二次世界大战，战列舰是唯一具备远程打击手段的战略武器平台，因此受到各海军强国的重视。第二次世界大战期间，随着潜艇和航空母舰的广泛使用，其作用、地位日渐削弱，战后相继退出现役。

日本“大和”级战列舰

“大和”级战列舰是日本设计建造的一级战列舰，该级舰艇计划建造4艘，最终只建成了2艘。

▶「大和」级战列舰的后主炮

1934年，日本以太平洋彼岸的美国为假想敌，制定了新的国防方针开始了新型战列舰的设计任务。2年以后的1936年，日本退出伦敦海军限制军备的谈判，明确提出在西太平洋海上截击假想敌美国海军舰艇编队的战略。日本海军在主力舰的数量方面无法同美国海军抗衡，遂决心以单舰的威力来抵消对方在数量上的优势。

1937年，日本海军制定了“03舰艇补充计划”，确定建造2艘“大和”级战列舰：“大和”号与“武藏”号。一号舰“大和”号于1937年11月4日开工，二号舰“武藏”号于1938年3月29日开工。在建造过程中日本采取了极为严格的保密措施，使得各国海军在很长时间内无法掌握到“大和”级战列舰的正确情报。另外，根据“05舰艇补充计划”开工的该级三号舰“信浓”号于1942年在建造中改建为航空母舰，第一次试航途中即被击沉。四号舰在1940年11月动工，于1942年3月停工。

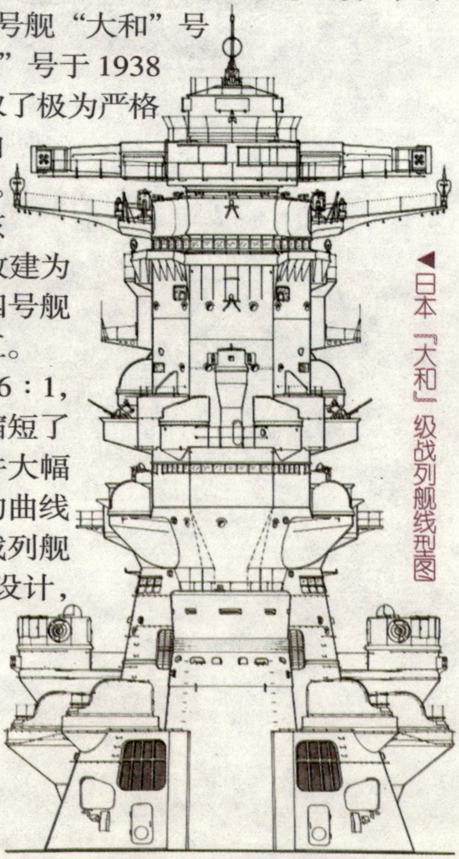

◀日本「大和」级战列舰线型图

“大和”级战列舰舰体长宽比为6.76：1，为主炮射击提供了稳定的平台并尽可能缩短了重装甲覆盖的面积；舰艏上部明显前倾并大幅度外张，其前甲板内侧的细腰部呈内凹的曲线状，其形态与美国海军的“依阿华”级战列舰相似；采用球鼻艏配合船体良好的线形设计，使舰体的减阻性能十分优良，以150000马力的主机功率使航速超过27节；设计独特的操舵机构使其庞大的船体回旋性能并不显得笨重；舰艉露天甲板之下有容纳舰载飞机的机库与舰载小艇的舷侧隧道状艇库。

“大和”级的舰桥为颇具日本特色的塔式舰桥，高达45米。舰桥之后是单烟囱，容纳通向各锅炉的烟道，烟囱尽量向后倾斜远离舰桥，以避免排烟影响舰桥工作。

“大和”级战列舰以其装备的460毫米口径巨型主炮闻名于世，该炮是当时口径最大的战列舰主炮，炮身重165吨，主炮炮弹重1460千克，三联装主炮炮塔的旋回部分重约2700吨，相当于当时大型驱逐舰的排水量。在舰桥之前的前甲板呈背负式布置两座主炮塔，舰体后部布置一座主炮塔。4座三联装155毫米口径副炮是最上级巡洋舰改装时拆卸下来的。

“大和”级重视防护，是当时防御装甲最厚重的战列舰。按照设计要求，舰体防御装甲能承受自身460毫米口径火炮在2万~3万米距离上的打击；两层水平装甲厚度合计超过25厘米，能承受800千克航空炸弹的攻击；在甲板的烟囱开口处使用38厘米厚的蜂巢状装甲；水下防护能力按照能够承受400千克TNT爆炸当量的标准设计。其要害部位的装甲防护可谓是面面俱到。

1941年12月16日，“大和”号竣工并被编入日本海军联合舰队。1942年2月，“大和”号接替“长门”号战列舰作为日本联合舰队旗舰，并于同年6月参加了中途岛海战。1942年8月5日，“武藏”号竣工。

“大和”级战列舰是名副其实的历史上最大的、主炮威力最强、装甲最厚重的战列舰，号称世界第一战列舰。“大和”级战列舰威力巨大但生不逢时，恰逢战列舰的主力舰地位开始被航空母舰所取代的时代，并且日本海军将其当作最后决战的王牌，未经许可联合舰队不得轻易动用而很少出战。

1944年6月马里亚纳海战中，“大和”号与“武藏”号编入机动部队掩护航空母舰，但是面对美国海空军的优势而无所作为。1944年10月莱特湾海战中，“武藏”号在菲律宾锡布延海域遭到美军飞机攻击，被19枚鱼雷和17枚炸弹击中后沉没，“大和”号被多枚炸弹击中受伤。1945年4月7日。“大和”号在此次海战中也作为第二舰队旗舰开赴冲绳岛海区，企图对登陆盟军进行自杀性特攻，途中在日本九州岛鹿儿岛西南海域遭到美军航空母舰舰载机群的集中攻击，被10枚鱼雷以及24枚炸弹命中，倾覆过程中发生爆炸而沉没。

日本“大和”级战列舰

美国“依阿华”级战列舰

“依阿华”级战列舰是第二次世界大战期间美国建成的吨位最大的一级战列舰，也是世界上最后一级退出现役的战列舰。该级舰计划建造6艘，共建成4艘，分别是“依阿华”号（舷号BB–61）、“新泽西”号（舷号BB–62）、“密苏里”号（舷号BB–63）和“威斯康星”号（舷号BB–64）。而“伊利诺斯”号、“肯塔基”号建造中途停建未建成。

20世纪30年代中期，限制建造新战列舰的华盛顿海军条约期满，美、英、法三国于1936年签订了第二次伦敦海军条约，规定战列舰标准排水量不得超过35000吨，主炮口径不得超过356毫米。由于日本、意大利未签订该条约，1938年6月，美、英、法三国将对战列舰的限制条款修改为标准排水量，增加到45000吨，火炮口径增大到406毫米。

“依阿华”级的主机功率是当时战舰功率最大的，设计航速高达33节。以能通过巴拿马运河船闸的极限为准，船体最大宽度被限制为33米。后来重新设计舰体，采用了加大舰体长度和吃水的设计措施，但影响了适航性。“依阿华”级战列舰舰长270.4米，宽33米，吃水11米；标准排水量45000吨，满载排水量59300吨；动力装置为8台锅炉和4台涡轮机，设计功率212000马力，4轴双舵；设计航速33节，载油9520吨，航速15节时续航力20150海里，17节时续航力15900海里；舰员编制1851人，其中军官91人。

▶就技术而言，『依阿华』级无疑是战列舰发展的顶峰

“依阿华”级的主炮采用了轻量化的406毫米/50倍口径主炮。装备3座三联装主炮塔，舰艏方向呈背负式布置两座，舰艉方向布置一座，每座炮塔旋转部分重1730吨。副炮是双联装127毫米口径高平两用炮，炮塔布置在舰体中部侧舷。装甲防护方面，“依阿华”级整体防护设计与“南达科他”级相当，舷侧主装甲带与主防雷装甲拼接为一体，并结合多重水密隔舱构成水下防鱼雷系统。在建造过程中，特别增强了水平装甲防御能力。该级舰艉两舷各安装一台弹射器，搭载3架水上观测飞机。

第二次世界大战期间，“依阿华”级战列舰主要参加太平洋海区的作战活动，为航空母舰护航和支援两栖作战，其高速性以及强大的高射火力为航空母舰特遣舰队提供了足够的防空火力。“密苏里”号战列舰是“依阿华”级战列舰中建成的第三艘，该舰服役后不久，即因1945年9月2日作为日本无条件投降的签字地点而闻名于世。战后，除“密苏里”号留作训练舰外，其余3艘舰在船厂封存备用。朝鲜战争爆发后，4艘“依阿华”级舰再次服役。其中，“威斯康星”号于1952年3月被朝鲜人民军炮火击中破损，随即退出战场回国修理。战争结束后，4艘舰又一次全部封存，“长眠”于港湾。1968年，“新泽西”号第三次“从军”，赶赴越南参战。但因其作战能力有限，消耗费用过大，1969年该舰又退出现役。

▼开火中的“依阿华”级战列舰

20世纪80年代初，美国决定对“依阿华”级战列舰进行现代化改装。从1981年10月“新泽西”号进入长滩海军船厂开始，到最后一艘“威斯康星”号1989年2月改装完毕，共花费了7年半时间，每艘舰改装费用约3~4亿美元。改装的重点是加强对地对舰攻击能力，增强反潜防空能力，提高通信和电子设备的现代化水平，改善舰员的生活条件。

尽管这次改装给“依阿华”级战列舰的前途带来了一丝曙光，但重新复出的战列舰仍未摆脱衰亡的下场。1990年，服役刚刚8年的“新泽西”号和刚服役6年的“依阿华”号被再次封存。1991年1月的海湾战争中，“密苏里”号和“威斯康星”号分别组成战列舰编队驻泊波斯湾。1月17日凌晨，“威斯康星”号向伊拉克发射了战争中的第一枚“战斧”巡航导弹。后来，两艘舰共向伊拉克的战略目标发射了数十枚“战斧”巡航导弹；2月17日，战列舰还用406毫米主炮轰击了科威特南部的伊军炮兵阵地。

然而，战争胜利的辉煌也没有延长“依阿华”级战列舰的生命。战后不久，“威斯康星”号便退出现役。1992年3月31日在热烈的礼炮声和号角声中，“密苏里”号缓缓地驶回到美国洛杉矶港码头，一代名舰结束了它的服役生涯，现停泊在夏威夷珍珠港成了战争历史博物馆。至此，一度曾称霸于海上的“依阿华”级战列舰退出了海战的历史舞台。

▼“依阿华”级战列舰是二战期间美国建成的吨位最大的一级战列舰

英国“乔治五世”级战列舰

“乔治五世”级战列舰是太平洋开战前英国最先进的战列舰，也是二战中英国的战列舰主要兵力之一。为区别英国旧式战列舰中同名的级别也称为“新乔治五世”级。

“乔治五世”级战列舰是为适应1936年第二次伦敦海军军备会议而设计的，当时英国因为经济的原因，主张减低新建战列舰的排水量和缩小主炮口径，并且美、日都声称新舰将遵守第二次伦敦海军条约采用14英寸主炮。所以英国海军取消了建造装15英寸以上口径主炮战列舰的计划。“乔治五世”级战列舰为了适应条约的限制，设计排水量35000吨，采用12门14英寸口径主炮（3座四联装炮塔），是典型的条约型战列舰。“乔治五世”级很重视装甲防御，舷侧装甲带按抵御380毫米口径穿甲弹的标准设计，开始建造时还要再加强弹药库防护。原设计的排水量偏小，所以前部第三座主炮塔撤去2门主炮以节省重量。建成时舰体还是超重，导致“乔治五世”级航海性不好。

“乔治五世”级战列舰共建5艘，分别为“乔治五世国王”号、“威尔士亲王”号、“约克公爵”号、“安森”号以及“豪”号。

“乔治五世国王”号于1940年12月11日服役。1941年5月27日，“乔治五世国王”号在23000米的距离上向受伤的德国“俾斯麦”号战列舰开火，半小时后“俾斯麦”号失去战斗力。“乔治五世国王”号经过修理与调整，于1941年10月在挪威附近海域攻击德国航运。1942年5月1日护航运输船队到苏联，就在这天与一艘驱逐舰相撞。5月9日，“乔治五世国王”号驶入格拉德斯通修理，7月1日才返回大海继续为运输船队进行护航活动。1944年3月，“乔治五世国王”号开始进行大修，主要是加强防空能力。10月28日，“乔治五世国王”号加入了英国新建立的太平洋舰队。1945年“乔治五世国王”号在太平洋与美国海军兵力一起活动。7月7日，它加入第37特混编队，

▲英国“乔治五世国王”号蒸汽战列舰

并参加了首次盟军战列舰对日本本岛的攻击。9月5日，“乔治五世国王”号驶入东京湾。随后，它起航返回英国。1950年，“乔治五世国王”号转入后备役。1957年“乔治五世国王”号被拍卖拆毁。

“威尔士亲王”号于1941年3月31日服役。1941年5月22日，“威尔士亲王”号从斯卡帕湾紧急出航，前往截击“俾斯麦”号。交战中“威尔士亲王”号被7发炮弹击中，幸运的是只有3发炮弹爆炸。1941年7月28日，日本挥军侵略亚洲多国和地区，侵略气焰极为嚣张。为了保住英国在远东的利益，英国决定派出一支强大的舰队，包括“威尔士亲王”号战列舰、“反击”号战列巡洋舰和4艘驱逐舰。1941年12月2日舰队抵达新加坡，12月8日舰队驶离新加坡，10日凌晨，舰队被日本远程侦察机发现。11点30分，在西贡地区的日本第22岸基航空队派出86架飞机攻击这支舰队，“威尔士亲王”号被4枚鱼雷击中，引起大火，舰长只好下令弃船。13时20分，“威尔士亲王”号葬身大海。

▼1947年时期的英国“约克公爵”号战列舰

“约克公爵”号于1941年11月4日服役。1942年3月~10月，“约克公爵”号为前往苏联的运输船队提供护航，接着参加了盟军进入北非的作战行动。1943年12月26日，“约克公爵”号为JW-58B运输队护航时，发现了在海上航行的德国“沙恩霍斯特”号战列巡洋舰。“约克公爵”号在距离11000米时，用10门主炮向“沙恩霍斯特”号齐发，使其失去战斗力。1944年“约克公爵”号在利物浦进行部分现代化改装，增加了雷达设施和防空火炮，然后加入英国太平洋舰队。日本投降后，“约克公爵”号返回英国。1949年4月，“约克公爵”号被编入后备役。1957年5月18日，它被送到造船厂拆毁。

“安森”号于1942年6月22日服役。服役后大多时间是为前往苏联的运输船队进行护航。1944年6月，“安森”号进行现代化改装。1945年4月25日，它同“约克公爵”号一起加入英国太平洋舰队，参加了对日本的作战，战后返回本土。1949年11月，“安森”号被编入后备役。1957年12月17日，“安森”号被送到造船厂拆毁。

“豪”号于1942年8月20日建成服役。服役后大多时间也是为前往苏联的运输船队进行护航。1943年6月，“豪”号进行现代化改装。1944年8月加入了远东舰队。1945年3月，“豪”号加入第57特混编队，5月4日参加了炮击日本本土的作战行动，5天后击落了一架“自杀飞机”。战后，“豪”号返回英国。1951年，“豪”号被编入后备役。1958年5月27日，“豪”号被送到造船厂拆毁。

德国“俾斯麦”级战列舰

“俾斯麦”级战列舰是纳粹德国建成的最大的战列舰。

纳粹德国宣布撕毁《凡尔赛和约》之后，于1935年与英国签订了《英德海军协定》。德国海军开始准备建造“俾斯麦”级战列舰。英国曾要求德国将该舰的排水量限制在35000吨，但德国以其不是华盛顿海军条约签字国为由断然拒绝。

▲“俾斯麦”级战列舰是德国在第二次世界大战初期建成的最大战列舰

“俾斯麦”级舰体受基尔运河水深限制，适度加宽舰体减少吃水。上层建筑比较紧凑，提高了舰体的稳定性。为保证研制进度，采用双联装380毫米口径舰炮。

由于是德国自1918年以后首次建造纯正的战列舰，为了降低风险，设计者尽量采用现成的技术，主炮穿甲弹采用“高初速轻型弹”，其远距离着靶存速性能相应降低；装甲防护沿用“Incremental Armor Scheme”的设计模式（称为“全面防护”），关键部位的装甲略显单薄。

“俾斯麦”级战列舰共建2艘：“俾斯麦”号和“提尔皮茨”号。“俾斯麦”级战列舰舰长251米，宽36米，吃水9.99米；标准排水量为41637吨（“俾斯麦”号）、42343吨（“提尔皮茨”号），满载排水量为49136吨（“俾斯麦”号）、48794吨（“提尔皮茨”号）；动力装置为12台高压锅炉和3台蒸汽轮机，设计功率136000马力（最大150000马力）；航速30节，载油7400吨，航速19节时续航力8525海里，16节时续航力为9500海里；武器装备为：8门双联装380毫米/52倍口径（按英国标准是48倍口径）主炮；6座双联装150毫米/55倍口径副炮；8座双联装105毫米高炮；8座双联装37毫米高炮；2座四联装、12座单管20毫米高炮；舰载飞机为4架阿拉多-196型水上飞机（用于

▼“俾斯麦”级战列舰设计图纸

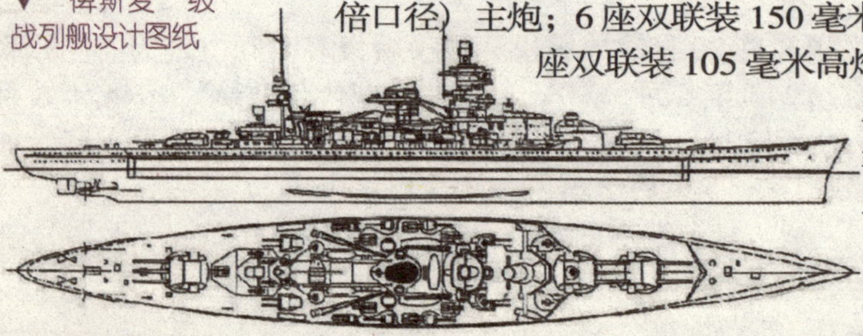

侦察、校射与联络)；舰员编制 1927 人。

▼二战中的德国『俾斯麦』级战列舰

“俾斯麦”号于 1940 年 9 月 15 日，驶离汉堡前往基尔湾进行首次试航，然后返回布隆－富斯造船厂完成最后装配。1941 年 5 月 19 日，“俾斯麦”号驶出格丁尼亚港，首次出航，前往大西洋破坏英国海运航线。然而，它的企图被英国发现，英国海军调遣“胡德”号战列巡洋舰和“威尔士亲王”号战列舰对其进行拦截。战斗中，“俾斯麦”号击沉“胡德”号，还击伤了“威尔士亲王”号，但自身也中弹负伤，导致航速下降、燃油流失。英国随后倾力调遣皇家海军舰只前来围击。5 月 27 日，“俾斯麦”号被英国“皇家方舟”号航空母舰的舰载鱼雷机打坏船舵，无法操舵。次日，“俾斯麦”被赶到的英国舰队群起围攻，上层结构几乎全被摧毁，但船体仍大致完好。接着，英国巡洋舰向“俾斯麦”号发射了鱼雷。在完全丧失战斗力的情况下，为避免遭英军掳获，舰长最后下令自沉于距法国布勒斯特港以西 400 海里的水域。

“提尔皮茨”号在进行装配时，其造船厂屡遭英国飞机空袭，空袭达 1042 架次，投下大约 670 吨炸弹。尽管没有一颗炸弹命中“提尔皮茨”号，但反复的轰炸却使它一直到 1941 年 2 月 25 日才服役。“提尔皮茨”号从 1942 年就一直隐藏在挪威的峡湾中，牵制了盟国大量的海军兵力，使英国皇家海军不敢放手在其他作战方向用兵。英国海空军动用重型轰炸机、袖珍潜艇、航空母舰舰载飞机多次发动袭击都未能将其击沉，直到 1944 年 11 月 12 日，“提尔皮茨”号被英国皇家空军使用重型轰炸机携带 5500 千克的“高脚柜”重型炸弹炸沉。

▲在设计期间，德国海军决定增加“俾斯麦”级战列舰的续航力、马力和装甲保护，使其排水量大大超过了 3.5 万吨的限制

美国海军 LCS 濒海战列舰

▲LCS 濒海战列舰首舰「自由」号下水

随着作战环境、作战对象的巨变，美国海军逐渐认识到“今天的战场在濒海，在五大洲陆海交界的地方”。为此，美国海军不断调整军事战略，先后提出了“由海向陆”、“前沿存在”等战略思想。近年来，美国海军又提出了“海上打击、海上盾牌和海上基地”概念，标志着“近海战略”正式替代了“远洋战略”。于是适合近海作战的濒海战列舰应运而生。此类舰艇的入役既能保障美国海军在濒海区域的安全介入，也能够保证其他作战舰艇从事其主要的作战使命。

在美国海军构想中，濒海战列舰必须具备大洋航行能力，能远距离到达全球需要部署的地方，在世界上任何地方不超出近海几百海里区域内，提供快速机动的高精确度、强火力打击来支持军事行动。濒海战列舰将在美国海军“未来 30 年发展计划”中扮演主力角色。为满足未来全球海上战略的需求，美国海军计划在 2035 年之前采购至少 50~60 艘濒海战列舰，其总价值高达 120 亿美元以上。

洛克希德·马丁公司为美国海军建造的第一艘 LCS 濒海作战舰“自由”号已在 2006 年夏天下水，并于 2007 年初交付使用。第二和第三艘由通用动力公司下属的巴斯钢铁公司负责建造，第四艘由洛克希德·马丁公司建造。这两家公司都是预生产性战舰，预计剩下的 3 艘“濒海战列舰”将在 2009 年之前交付。到 2018 年之前，量产型“濒海战列舰”的总产量将达到 55 艘。

“自由”号濒海战列舰具有高度的自动化设计，舰员编制控制在 50 人以内，舰体吨位为 2840 吨，动力系统采用 2 台罗尔斯·罗伊斯 MT–30 汽轮机作动力，最高航速可达到 60 节，并能够在 2 分钟之内从 0 节加速到最高 45 节，巡航时速可达到 30 节。能够在两艘船长的距离上从 30 节的航速立即停泊，在 3 艘船长的距离上以 30 节航速突然转弯，全速航行时，可在 7 艘船长的距离内作 360 度的回转。吃水深仅为 3.65 米。另外，该舰比美国海军要求的运载能力还要高出 50%，其艉部的起降平台还可为直升机和无人机提供作业，堪称高速“海上卡车”。

该舰的舰体采用模块化结构，舰体材料先进，航程 6900 千米以上。在船型方面，舰壳和上层建筑的材料为高级铝合金，但主要结构采用钢制材料，一些部位采用复合材料。该舰外形采用内倾形式来减少雷达反射信号，并采用全封闭的上层建筑和通信 / 传感器桅杆，提高了生存能力。在恶劣海况下具有更好的低速航行性能，从而有利于直升机 / 无人机的安全起降。该舰也装备高速拦截艇的下水和回收设施，以支持特种作战。直升机甲板下部还装备有折叠跳板，可以进行轻型装甲车辆、火炮等装备的滚装运输。

为满足濒海战列舰的火力需求，美国海军将以很快投入实用化的电磁轨道炮作为构筑整体战斗系统的核心。另外，美国海军还选用了西班牙伊扎尔船厂生产的“多纳”舰炮火控系统，以及美国联合防务公司生产的可发射精确智能弹药的 MK110 式 57 毫米隐形舰炮系统。美国海军还计划装配“未来战斗系统”的非直瞄发射系统。该发射系统可装载 15 枚垂直发射的精确攻击导弹，能攻击 40 千米内的静止和移动目标。此外，海军还在加紧开发“翠鸟”Ⅱ武装无人机，该无人机将装备可监视和侦察传感器、主动声呐、2 枚 MK54 鱼雷或者 4 枚“海尔法”导弹，并能安装一门 7.62 毫米机枪，以使濒海战列舰免遭小型快艇和潜艇的攻击。

根据美国海军提出的设计要求，濒海战列舰主要用于全球沿海水域作战，是一种快速、机动、吃水浅的水面舰艇。其舰体结构采用可重新组合的开放式结构，能根据任务需要组装、搭配不同的武器模块系统并实现“即插即用”。这种“可配置使命模块”使其在反潜艇、反水雷和反水面作战的技战术性能方面有质的提升，对面临的各种威胁做出快速反应。濒海战列舰主要承担反潜战、反水面战、水雷战和协助特种作战四大使命。

濒海战列舰具有极强的隐身能力，装备有先进的传感器系统和电子设备，能在近海浅滩航行，具有敏捷、灵活的操纵性能，能秘密行驶至敌方海岸线附近协助“海豹”特种部队登陆或其他的海陆装备突击队型部队执行秘密任务。此外，濒海战列舰还可以广泛地应用到非军事领域，用于打击走私、缉毒等任务。

“濒海战列舰”将是美国军事力量网络化和全球化作战的重要组成。即把海洋、陆地、天空、太空和计算机网络空间整合在一起。“濒海战列舰”也是美国海军军事战略由远洋走向近海的重要标志，将是美国控制世界近岸水域的重要海上力量，是具有划时代性质的新一代海军舰艇。

▲模拟图中的 LCS 濒海战列舰

巡洋舰

巡洋舰是在排水量、火力、装甲防护等方面仅次于战列舰的大型水面舰艇，巡洋舰拥有同时对付多个作战目标的能力。其主要任务是掩护航空母舰和其他舰船编队，攻击舰船、潜艇和岸上目标，支援登陆作战，保卫或破击海上交通线等。随着海军航空兵的崛起，巡洋舰的地位日渐衰落，它们的作用将完全被驱逐舰取代。

美国"提康德罗加"级巡洋舰

"提康德罗加"级巡洋舰是美国海军新型导弹巡洋舰，也是当今世界上作战能力最强的导弹巡洋舰。该级巡洋舰装备了极为先进的"宙斯盾"防空系统。美国巡洋舰的首要任务是为它庞大的航母编队提供有效的空中保护。在冷战时期，为了对付苏联大量反舰导弹的"饱和攻击"，美国海军开始发展革命性的"宙斯盾"防空系统，该系统可以对从潜艇、飞机和水面战舰上各个方向袭来的大批导弹进行及时探测并有效地应对。这是当代巡洋舰乃至当代水面舰艇的防空能力飞跃提高的一个划时代的标志。

该级舰至今共建27艘，按服役顺序，该级舰依次为："提康德罗加"号（CG47）、"约克城"号（CG48）、"文森斯"号（CG49）、"福吉谷"号（CG50）、"托马斯·S·盖茨"号（CG51）、"邦克山"号（CG52）、"莫比尔湾"号（CG53）、"安提坦"号（CG54）、"莱特湾"号（CG55）、"圣贾辛托"号（CG56）、"张伯伦湖"号（CG57）、"菲律宾海"号（CG58）、"普林斯顿"号（CG59）、"诺曼底"号（CG60）、"蒙特里"号（CG61）、"钱瑟罗斯维尔"号（CG62）、"考佩斯"号（CG63）、"葛底斯堡"号（CG64）、"乔辛"号（CG65）、"休城"号（CG66）、"西罗"号（CG67）、"安齐奥"号（CG68）、"维克斯堡"号（CG69）、"伊利湖"号（CG70）、"圣乔治角"号（CG71）、"维拉湾"号（CG72）和"皇家港"号（CG73）。其中首舰"提康德罗加"号（CG47）于1980年1月动工兴建，1981年4月下水，1983年1月正式服役。最新的一艘"皇家港"号（CG73）于1994年7月服役。

▲美国"提康德罗加"号巡洋舰

该级舰长172.8米，宽16.8米，吃水

9.5 米；标准排水量 7015 吨，满载排水量 9600 吨；航速 30 节，航速 20 节时续航能力 60000 海里；装备“宙斯盾”防空系统、2 门 127 毫米舰炮、2 座“密集阵”近防系统、2 座“鱼叉”反舰导弹发射架、2 架反潜直升机。

▼“诺曼底”号（CG60）巡洋舰

该级舰前五艘使用 2 座 MK－26－5 型双联导弹发射装置。从第六艘“邦克山”号起，全部装备先进的 MK－41 型导弹垂直发射系统，该系统可使“宙斯盾”的威力得到充分发挥。两者的有机结合，便构成了一道很难攻破的“空中盾牌”。

◀『宙斯盾』作战系统是美国海军为了满足舰载防空系统的需要而开发的『先进的舰用导弹系统』

“提康德罗加”级的核心是“宙斯盾”系统。它由六大部分组成：相控阵雷达、指挥决策系统、武器控制系统、导弹火控系统、导弹发射系统及战备检查系统。

美国海军计划将升级 27 艘“宙斯盾”巡洋舰中的 22 艘（从 CG52 到 CG73），改装计划将使现役巡洋舰的寿命延长到 35 年，直到下一代巡洋舰进入设计建造阶段。

该级巡洋舰的前五艘被称为基型 1，它们将不接受这次改装。这 5 艘巡洋舰没有安装垂直发射系统，美国海军已在 2006 年将其除役。

预定进行改装的第一艘舰艇是“圣乔治角”号（CG71）巡洋舰，改装工作于 2006 年开始，最后一艘巡洋舰将于 2014 年开始改装。

俄罗斯“基洛夫”级核动力巡洋舰

为了与美国海军全面抗衡，履行远洋作战使命，苏联在20世纪80年代初建成了二战后世界上最大的巡洋舰——“基洛夫”级。该舰是苏联首级采用核动力推进的水面战舰，满载排水量24300吨，首次装备了VLS系统和大量导弹，并配有3架直升机，其吨位之大、火力之强，一度使各国海军为之震惊。《简氏防务周刊》将其定级为“战列巡洋舰”。直至今日，它仍然是世界上威力最为强大的水面战舰。

▲「基洛夫」级「乌沙科海军上将」号巡洋舰

“基洛夫”级核动力导弹巡洋舰共建4艘，分别为“基洛夫”号、“伏龙芝”号、“加里宁”号和“安德罗波夫”号。由于苏联的解体，俄罗斯海军现有的舰艇也相应改名，“基洛夫”级的4艘舰分别改名为“乌沙科海军上将”号、“拉扎列夫海军上将”号、“纳希莫夫海军上将”号和“彼得大帝”号。其中“乌沙科海军上将”号现已退役。

该级舰主要用于实施远洋反舰、反潜和防空作战。在作战时，它主要充当海上编队的核心力量，与其他舰只共同组成导弹巡洋舰编队，遂行攻击敌方战斗舰艇和破坏敌方交通线的任务。该级舰装备各型导弹近500枚，是美国载弹量最大的“提康德罗加”级导弹巡洋舰的4倍，因此又有“武库舰”的美称。

该级舰长252米，宽28.5米，吃水9.1米，标准排水量19000吨，满载排水量24300吨，航速30节时续航力14000海里，堪称世界巡洋舰之最。该舰外形类似于二次大战时的战列舰和重巡洋舰，具有明显的外飘船体剖面和丰满的艉部水线面。其艏部细长，顶端上翘；艉部为方形，上面是飞行甲板，下面是机库。它采用两座核反应堆和两座燃油锅炉的混合式动力系统。核动力装置和蒸汽动力装置以平行方式工作，其中两台核装置的总功率达8万马力，可以使该舰以24节的速度航行；两台蒸汽动力装置的总功率是4万马力。两种装置如果并机使用，可以发出高达12万马力的总功率，使该舰以30节的全速前进。

该级舰的反舰武器为20枚倾斜发射的SS－N－19超声速远程反舰导弹。

该弹射程450千米，速度1.6马赫数，有35万吨当量核装药和750千克当量高能装药两种弹头。它采用惯性加雷达主动寻的制导方式，可以进行超视距对舰攻击，以打击美国的航母编队为主要任务。20个发射装置可以多枚齐射，对敌舰进行饱和攻击。当进行超视距攻击时，该弹需要由本舰所载的卡-25B舰载直升机进行中继制导。另外，该舰还有一座双联130毫米火炮，射程29千米，射速35~45发/分，弹头重33.4千克，承担辅助的对海、对空任务。

◀自服役以来，『彼得大帝』号一直是俄北方舰队的旗舰

该级舰的防空火力空前强大，其配备型号之复杂在各国舰艇中绝无仅有。中远程为SA－N－6VLS系统，甲板下面共有12个该型导弹的垂直发射箱，每箱备弹8枚，总计96枚。该弹即俄罗斯著名的S－300防空导弹的舰用型，射程100千米，速度6马赫数。该系统可同时发射12枚导弹，迎击12个空中来袭目标；近程为SA－N－9VLS系统，共有2组，每组8个发射舱，每舱备弹8枚，总计备弹128枚。在一艘战舰上装备种类如此众多、数量如此庞大的防空武器，全世界舰艇家族中独此一家。

该级舰反潜作战分为四个层次：最外层由卡－27A反潜直升机担负。该机携有搜索雷达、吊放式声呐、声呐浮标以及反潜鱼雷和深水炸弹，可有效执行攻潜任务；第二层为SS－N－15远程反潜导弹，由2具533毫米鱼雷发射管发射，射程120千米，采用惯性制导方式，还可以发射40型反潜鱼雷。后两层分别为1座10管RBU-12000和2座6管RBU-1000火箭深弹发射器，射程分别为12000米和1000米，主要用于对付本舰前方较远距离的潜艇和舰体两侧的来袭鱼雷。

“基洛夫”级因为没有装备“相控阵”雷达，其防空能力稍逊于美国海军的“提康德罗加”级巡洋舰；而且不具备远程对陆攻击能力。但从俄罗斯巡洋舰的作战使命考虑，全面衡量一下，它的综合作战能力并不在其之下。特别是由于俄罗斯航母力量非常薄弱，“基洛夫”级导弹巡洋舰无疑是其海上编队的作战和指挥核心，它的作用是其他舰艇所无法替代的。

▼“基洛夫”级大型核导弹巡洋舰的首舰——“基洛夫”号出现在波罗的海，它是世界上吨位最大的导弹巡洋舰

俄罗斯“光荣”级巡洋舰

“光荣”级是“惩罚”级和“十字”级的后续舰，同时也是具防空、反潜两用途的“基洛夫”级的缩小版（只是“基洛夫”级除核动力外还备有传统动力）。“光荣”级巡洋舰的武装非常强大，在其满载排水量11000吨的舰体中均衡地配置了各项武器。虽然“光荣”级的设计并没有任何特殊之处，但它们拥有足以与其他先进舰只在远洋战争中相抗衡的能力。

◀拥有强大反舰能力的俄罗斯「光荣」级巡洋舰

从“光荣”级舰的性能、武备特点看，它的对舰导弹数量多、威力大；防空装备除“基洛夫”级外比苏联任何一级巡洋舰都强，是一级具有较强防空能力的反舰型导弹巡洋舰。该级舰适于配合核动力水面舰只活动，为舰队担任警戒、护航任务。此外还可作为舰队的组成部分，用来攻击敌航空母舰和两栖力量，破坏敌海上交通线，并在两栖登陆作战行动中提供对岸火力支援。该级舰共有4艘，分别为“光荣”号、“乌斯季诺夫元帅”号、“奇佛纳乌克兰”号和“罗波夫海军上将”号。

第一艘“光荣”号于1976年动工，1979年下水，1982年完工。第二艘“乌斯季诺夫元帅”号及第三艘“奇佛纳乌克兰”号分别在1986年与1990年完工，第四艘“罗波夫海军上将”号在1993年完工。

“光荣”级巡洋舰的基本性能与总体布置如下：该舰长187米，宽21.5米，吃水7.6米。标准排水量9800吨，满载排水量1.25万吨。编制员额454人，其中军官38名。该级舰为燃气轮机推进方式，最大航速32节，续航力7500海里/15节。

该级的舰体，大抵是从“卡拉”级导弹巡洋舰衍变而来。为容纳远程对舰、对空导弹等，其舰体比“卡拉”级增长约14米，型宽和吃水也略有增加，艏艉部比“卡拉”级显得外倾。它的前部上层建筑高5层，其后端与封闭的金字塔形主桅连成一体，由水面至主桅顶高达30多米。舰中略靠后

▼“乌斯季诺夫元帅”号1987年3月归居北方舰队，1995年在圣彼得堡完成改装

的烟囱呈长方形，两侧有许多散热孔，前面是大进气口。两座烟囱间有空隙，用来放置旋转吊的吊杆。露天甲板的轨道用来运送弹药、物品等。

舰上最引人注目的，是巨大的圆形远程反舰导弹发射装置。它们沿前部上层建筑两侧成阶梯形倾斜排列，占据甲板较大位置。该装置的形式较为简单，有固定仰角，每对发射口位于前一对发射管后端之上。这样，占据甲板面积较少，同时也克服了发射筒相互之间的发射气浪影响。但是，为了减小气浪对上层建筑的影响，上层建筑造得较高。

◀俄海军『光荣』级巡洋舰停靠码头

“光荣”级上装备的反舰武器主要为 8 座双联 SS-N-12“沙箱”远程超声速反舰导弹发射装置。该装置布设在前部上层建筑两侧，其直径约 2 米，长约 12 米，共 16 个，2 个一对，左右舷各 4 对，均呈 16 度仰角。该导弹长 10.9 米，直径 0.9 米，指令修正惯性制导，主动雷达寻的。1.7 马赫数时射程 550 千米。战斗部为 350 千吨当量的核弹头，或 1000 千克高能装药。此外舰上还配备了 1 架卡 -27 直升机，主要用于该型导弹的中继制导。还有一座双管 130 毫米炮，最大射程 29 千米。

“光荣”级舰装备的雷达如下：对空搜索为三坐标“顶对”，C/D 波段，对大型飞机的搜索距离为 366 千米，对 2 平方米的目标为 183 千米；对空对海搜索为三坐标“顶舵”或“顶板”，D/F 波段。

该级舰的电子设备有：2 部“T 柱形”或 3 部“倾壶”光电指挥仪、2 部“穿碗”卫星数据系统、2 部“冠钟”和“推钟”数据链；8 部“边球”用于电子对抗，4 部“酒桶”用于电子侦听；2 座 PK-2 或 12 座 PK-10 箔条发射器。

苏联解体后 4 艘“光荣”级中的“奇佛纳乌克兰”号被分给了乌克兰，十几年来一直被闲置着，等待被出售或者解体。其余 3 艘在俄罗斯海军中服役。

▼“罗波夫海军上将”号在 1993 年完工

驱逐舰

驱逐舰是一种多用途的军舰，19世纪90年代至今的海军重要的舰种之一。现代驱逐舰装备有防空、反潜、对海等多种武器，既能在海军舰艇编队担任进攻性的突击任务，又能担任作战编队的防空、反潜护卫任务，还可在登陆、抗登陆作战中担任支援兵力，以及担任巡逻、警戒、侦察、海上封锁和海上救援等任务。

英国“勇敢”级45型驱逐舰

马岛海战后，空中威胁已经成为舰队防御中的主要方面，各国海军水面舰队面临加强防空能力的需要。英国海军为了替换“谢菲尔德”级42型驱逐舰，从20世纪80年代初就开始作过多次尝试，其中最有实质性的研究工作是在1991年和法国共同提出的“未来护卫舰计划”，1993年意大利也加入这一计划，项目命名为“地平线”护卫舰（CNGF）。但由于英国和法国、意大利存在严重分歧，1999年4月退出。

英国海军决定自行发展45型“勇敢”级防空/战斗驱逐舰。英国海军45型计划受益于“地平线”护卫舰计划完成的工作，比如主动防空导弹系统（PAAMS）、武器系统和船舶的一些内部的体系结构。

▲『勇敢』级45型驱逐舰

英国海军首批计划建造3艘“勇敢”级45型驱逐舰。2003年3月开始建造“勇敢”级的首舰HMS（英国皇家海军舰船）“勇敢”号，2007年进入英国海军服役。第二艘HMS“不屈”号和第三艘HMS“金刚石”号将会在2009年进入英国海军服役。随后三艘已经被命名为HMS“天龙座”号、HMS“保卫者”号和HMS“邓肯”号。英国海军“勇敢”级45型驱逐舰排水量达到约8000吨，设计最高速度高于27节，航程大于7000海里。

▲英国海军『勇敢』级45型驱逐舰

英国海军“勇敢”级45型驱逐舰的主要任务是提供局部区域舰队防御，使用远程雷达和具有广泛的区域防空能力。战舰的战斗系统也有能力管理飞机和特混舰队的联合防空战斗操作，发挥指挥舰的作用。45型装备的武器系统能拦截各种空中威胁，包括非常敏捷、机动操纵具有重新攻击模式的高性能反舰导弹，也配备近战武器系统用于末层防御。

英国海军“勇敢”级45型驱逐舰主要武器系统是主动防空导弹系统，主要由法国、意大利和英国3个国家合作开发。

主动防空导弹系统的防空导弹主要是中程“阿斯特”30型防空导弹。该导弹具有相当的机动性，这是通过使用非常先进的侧向燃气推力控制（PIF）/气动飞行控制（PAF）制导系统获得。

▲2007年7月18日，英国格拉斯哥英国皇家海军首艘45型驱逐舰“勇敢”号开始试航

首批3艘英国海军“勇敢”级45型驱逐舰主动防空导弹系统配备6套八单元由法国舰艇建造局（DCN）设计的DCN-SylverA50垂直发射装置。为了达到武器装备与美国海军的兼容性，第二批建造的45型驱逐舰的垂直发射系统将采用美制MK41系统，可发射“战斧”巡航导弹、“标准”2增程型和“标准”3A战区防御型导弹。目前英国海军正在考虑配备欧洲导弹设计局（MBDA）研制的Scalp巡航导弹和配套的16单元SYLVER（A70）垂直发射装置。

◀英国『勇敢』级45型二号舰『无畏』号下水

该舰动力系统仅使用2台先进的WR-21循环燃气轮机发动机，热交换器使用中间冷却器和回流换热器（ICR），节约有效空间和燃料。回流换热器能够从废气中补偿能量去增加燃料效率。每台发动机提供25兆瓦动力。

2006年2月1日，英国45型驱逐舰首艘“勇敢”号自亚罗船厂下水后不久，英海军就决定从第四艘“天龙座”号起对45型驱逐舰进行重大改进，要使它成为不但具有强大防空能力，又具有强大近海作战能力和对陆纵深打击能力，同时兼备反舰、反潜能力的多功能战舰，成为英海军“全球舰队”中的“全能武士”。

随着英国海上战略的变化，英军深感45型驱逐

▲俯瞰英国皇家海军首艘45型驱逐舰“勇敢”号俯瞰图

舰原设计目标不符合海军作战思想新转变的需要，必须改进。英海军计划在2010年前建立“全球舰队”，因而要求订购的6艘45型驱逐舰都要在2009年年底前陆续开工建造。45型驱逐舰是英“全球舰队”的主要作战舰艇，它具有强大的区域防空能力，所配“阿斯特”30型中程防空导弹命中率高。其舰载作战系统可在一定程度上发挥指挥舰的作用，但其他能力欠缺。改进的45型加强了近海作战能力、对陆纵深打击能力和反舰反潜能力。

按原设计，首艘45型“勇敢”号的对地攻击武器只有一门114毫米舰炮，火力明显不足。从第四艘“天龙座”号开始，英海军将对舰炮进行升级，或采用美制MK45型127毫米新一代隐形舰炮，发射EX-171型火箭增程制导炮弹，最大射程117千米；也可能采用英国自制AS90“勇敢的心”155毫米榴弹炮的舰载型，届时它将成为世界上口径最大的舰炮。在对陆纵深打击方面，新造45型驱逐舰将采用美制的MK41垂直发射系统，并装备“战术战斧”巡航导弹、“标准”2增程型和“标准”3A战区防御型导弹。“战术战斧”最远射程可达3000千米，是45型最具威力的对陆纵深打击武器。装备“战术战斧”巡航导弹后，在红海海域巡航的英45型驱逐舰便有了打击伊朗腹地目标的能力。

▲英国45级战舰首艘“勇敢”号舰体建成下水的情景

此外，英海军还计划加强45型驱逐舰的反潜能力。45型驱逐舰前3艘所配英国最新研制的EH-101“默林”多用途舰载直升机作战半径为100~200海里，但不能发射“阿斯洛克”反潜导弹，其反潜能力显得有些不足。后3艘（“天龙座”号、“保卫者”号、“邓肯”号）45型驱逐舰换装了MK41垂直导弹发射系统后，便有条件配备“阿斯洛克”反潜导弹。

据英海军官员声称，经过改进的45型驱逐舰未来既可作为英“全球舰队”的主要成员之一，亦可单独使用。45型驱逐舰配备的主要防空导弹系统具有强大的防空能力，可以支援在沿海和内地作战的联合远征部队，同时它还可提供区域、局部区域和点防御能力。作为一个可能单独使用的作战平台，45型驱逐舰有防空、反舰、反潜和对陆攻击的全面作战能力。

俄罗斯“现代”级驱逐舰

“现代”级驱逐舰是苏联海军20世纪80年代初建造的大型导弹驱逐舰。首舰“现代”号于1980年服役。该级舰是以对海攻击为主的通用型驱逐舰。

俄罗斯“现代”级驱逐舰是一种先进的大型水面战舰，最大排水量达8480吨，大小与美国海军的“斯普鲁恩斯”级导弹驱逐舰相仿。该舰装备一架反潜直升机、48枚防空导弹、8枚反舰导弹，还装备鱼雷、水雷、远程舰炮和复杂的电子战系统。该级的第一艘“现代”号于1985年进入苏联海军服役。该舰由俄罗斯圣彼德堡的北方船厂制造，共为俄罗斯海军制造了19艘，目前只有其中的13艘为俄海军现役舰艇，另外6艘已无作战能力。此外，俄罗斯还向中国出口了4艘该级驱逐舰。

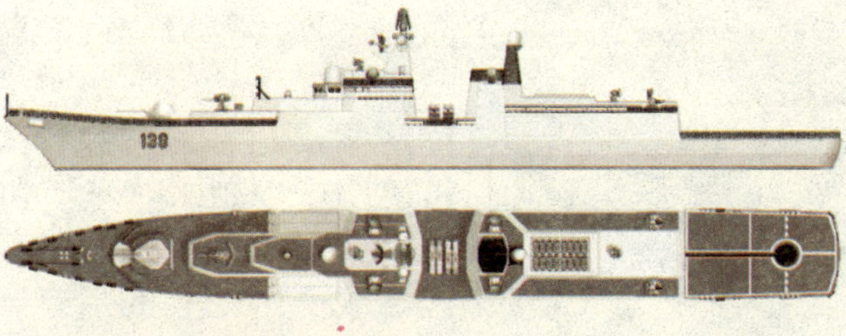

▲“现代”级最新改型线图

◀俄罗斯“现代”级驱逐舰

“现代”级的战斗系统可使用各种来源的目标指示数据，数据来源包括舰上主动和被动传感设备、舰队中的其他舰只、侦察机或通过舰上起飞的直升机建立起来的通信数据链。该舰上装备的多通道防御系统使该舰能够同时攻击多个目标。

“现代”级舰上装备“白蛉”式反舰导弹系统。该系统由2组4管发射器组成，分别安装在前部岛形建筑两侧，向上射角约为15度。全舰共携带8枚3M80E“白蛉”式反舰导弹，北约编号为SS-N-22“日炙”。该舰的防空导弹为2具“施提尔”舰对空导弹系统，分别安装在130毫米双管炮后部的高台上。一艘“现代”级驱逐舰可携带48枚“施提尔”导弹。

该舰装备的130毫米火炮为AK-130-MR-184型，由圣彼德堡的阿美第斯特设计局和弗伦泽军火设计局设计。该系统包含一套带电视和电子瞄准装置的计算机控制系统。火炮可由雷达控制系统控制实施全自动射击，也可在自

▶俄罗斯『现代』级驱逐舰面面观

主控制模式下由舰员使用炮塔上的康丹瑟光学瞄准具实施射击，还可使用全手动模式射击。该炮的发射速率介于20发/分钟和35发/分钟之间。“现代”级驱逐舰还装备4座6管30毫米AK-630火炮系统。

“现代”级956型驱逐舰装备有一套电子对抗系统，舰上的2具PKK-2干扰弹发射器共携带200发干扰火箭。“现代”级驱逐舰装备两座导航雷达、一座对空目标搜索雷达，另有数台火控雷达用于控制130毫米和30毫米火炮。舰上的声呐系统包括舰壳内安装的主动和被动搜索及攻击声呐装置。

该舰的动力装置为2台蒸汽轮机，单台功率为50000马力，全舰共有4座高压锅炉。全部动力被用来驱动两副定距推机器桨叶。“现代”级的最大航速达33节。当战舰以18节的燃油经济航速航行时，航程达3920海里。

俄罗斯“现代”级驱逐舰的基本性能数据如下：标准排水量6500吨、满载排水量7940吨、最大排水量8480吨；舰长156.5米，舰宽17.3米，吃水6.5米；航速32节时，续航力2400海里，航速20节时，续航能力6500海里；人员编制为398名，其中军官25人。

俄罗斯"无畏"级驱逐舰

"无畏"级（又称 1155.1 级）是苏联海军反潜舰艇，俄罗斯称其为大型反潜舰。俄罗斯海军的"现代"级驱逐舰侧重于反舰，而"无畏"级主要用于反潜，所以需要和"现代"级配合使用，由"无畏"级和"现代"级分任反潜、反舰重任。但它的排水量要比"现代"级大一些，是俄罗斯海军现役驱逐舰中排水量最大的。首舰"无畏"号于 1980 年服役，迄今共建 12 艘，最后 1 艘"潘捷列耶夫海军上将"号于 1991 年 7 月服役。

该级舰全长 162 米，宽 19.3 米，吃水 6.2 米，标准排水量 6700 吨，满载排水量 8700 吨。它采用 4 台燃气轮机，总功率 120000 马力，航速 30 节，续航力 4000 海里 /18 节。全舰编制 249 人，其中军官 29 人。

该级舰是在"克里瓦克"级护卫舰的基础上，对"克列斯塔"Ⅱ级反潜巡洋舰进行改进而成的。虽然舰体结构基本未变，但也体现了苏联新一代水面舰艇的某些特点。其重要舱室都有密闭式的防护系统，可以防止外界受污染的空气进入。全舰结构趋于紧凑，布局简明，主要的防空、反潜装备集中于舰前部，中部为电子设备，后部为直升机平台，整体感很强。它汲取了西方国家的设计思想，改变了以往缺乏整体思路、临时堆砌设备的做法，使舰体外形看上去整洁利索。

2 架"卡 – 25A"或"卡 – 27"型反潜直升机使"无畏"级具有超大远程反潜能力。该机性能大概相当于西方的"海王"。由于活动范围较大，反潜搜索的空间也相应加大，必要时可保持 1 架直升机在空中不间断搜索，反潜能力大为增强。舰上装有 2 座四联 SS – N – 14 反潜导弹发射装置，这是非常出色的"猎潜手"。该弹又名"石英"，射程 55 千米，飞行速度为 1 马赫数，全程无线电指令制导，可以加装反潜鱼雷或当量为 5 千吨 TNT 的核弹头，任何潜艇一旦被盯上就很难逃脱。中近距离为 2 座四联装 533 毫米鱼雷发射管，共备有

俄罗斯"无畏"级驱逐舰遨游海上

▲"无畏"级驱逐舰的武器系统

533毫米鱼雷8枚，航速45节，射程20千米。自身防御是2座十二联装RBU－6000反潜火箭发射装置，射程6千米。

目前世界上非常有名的"SA－N－9"垂直发射舰空导弹最早就是在该级舰上出现的。舰上有8个导弹发射舱，每舱有8枚导弹，全舰备弹64枚，射程15千米，速度2马赫数。它采用独特的弧形弹道技术和专门软件，具有拦截掠海飞行目标的能力，舰上共有2套控制系统，每套系统可同时引导8枚导弹对付4个空中目标，具有一定的抗饱和攻击能力。末端防御系统为4座AK－630型6管30毫米炮，射速3000发/分。

该级舰没有装备反舰导弹，基本上不具备反舰能力。装有2座100毫米全自动炮（射速80发/分），用于辅助的对海、对空作战。

在雷达安装方面，对空为1部三坐标"顶板"雷达和1部"双柱"对空搜索雷达。对海搜索为"棕榈叶"，火控为2部"眼球"（用于SS－N－14反潜导弹）、2部"十字剑"（用于SA－N－9防空导弹）、1部"鸢鸣"（用于100毫米炮）和2部"椴木树"（用于30毫米炮）。

电子设备有2部"足球B"电子对抗/支援系统、6部"半杯"激光报警系统，另有8座PK－10干扰火箭发射器。

1999年，一艘改进型"无畏"Ⅱ级"恰巴年科海军上将"号服役，该舰加装了2座四联装SS－N－22反舰导弹，而将反潜导弹换成了从鱼雷管中发射的SS－N－15型；其次是用1座AK－130炮（射程29千米，射速35~45发/分）替换了2座单管100毫米炮；近程防御用2座CADS－N－1弹炮结合系统（其中6管30毫米炮射程1.5千米，SA－N－11防空导弹射程8千米）换下了4座AK－630型，作战系统也加装了"冠钟"数据链，这使全舰综合作战能力有了较大提高，并同时拥有了反舰能力。

▶俄罗斯「无畏」Ⅱ级驱逐舰

日本“金刚”级驱逐舰

“金刚”级导弹驱逐舰是日本海上自卫队在二战后建造的吨位最大、火力最强、性能最优的驱逐舰，也是世界上第二个拥有先进的“宙斯盾”系统的水面舰艇。它出现的原因是日本海上自卫队急需加强其“八八舰队”的防空能力，在航母受到种种限制、一时无望到手的情况下，拥有出色防空能力的“宙斯盾”级驱逐舰自然成为最好的选择。

该级舰是美国海军的“阿利·伯克”级驱逐舰的仿造版本，在指挥系统和武器装备上大致相同，但舰体却采用了日本的设计，较后者吨位更重、航程更远，从而成为日本海上自卫队的核心舰只。其首舰“金刚”号（DD173）于1990年5月开工，1991年9月下水，1993年3月正式服役。随后是“雾岛”号（DD174）、“妙高”号（DD175），1998年3月第四艘“鸟海”号（DD176）服役。其后日本海军又制造了“金刚”级改进型“爱宕”号，于2007年3月15日交付使用。

该级舰全长161米，宽21米，吃水6.2米，标准排水量7250吨，满载排水量9485吨。改进型“爱宕”号舰长165米，标准排水量7700吨，满载排水量10455吨。“金刚”级舰的动力装置为4台LM－2500燃气轮机，总功率100000马力，航速30节，续航力6000海里/20节。舰员300人。

该级舰的上层建筑多为倾斜面的设计，这既是为了确保SPY－1D雷达的后方视域，同时也有利于全舰的隐身性。此外，诸如降低主辅机的震动和噪声、减少螺旋桨转数、改进排烟方式等措施也都提高了它的隐身性。为了保证该级舰的防护和生存力，除了烟囱和舰桅是铝合金材料，旨在减轻上层建筑的重量外，舰身全部为钢制结构，特别是暴露在主舰体之外的战斗部位，都使用了高碳镍铬钼钢，具有很强的抗冲击性。

在防空方面，以“标准”SM－2MR为主力，分别在舰艏和舰艉各安装1部MK－41垂直发射系统发射，前部29个单元，后部61个单元，总共90个发射单元。一般情况下装载74枚“标准”防空导弹和16枚“阿斯

▼“金刚”级驱逐舰

洛克”反潜导弹。“标准”SM－2MR 射程 73 千米，惯性加半主动雷达制导，全舰可同时对付 12 个空中目标，具有一定的抗饱和攻击能力。另外，还安装有 2 座 20 毫米 6 管“密集阵”系统承担近程防空任务。

反潜不是该级舰主要任务，舰上未设直升机库，仅有起降平台。它的反潜作战由垂直发射的 16 枚“阿斯洛克”完成，最大射程 20 千米。另外，在舰后部两舷设有 2 座 HOS－301C 型三联装短管鱼雷发射管，首次实现了舰内遥控操作。

该级舰全盘引进了美国尖端的“宙斯盾”系统，它包括 SPY－1D 相控阵雷达和 MK－2 决策系统、MK－8 武器控制系统、MK－7 快速反应系统、MK－41 垂直发射系统、MK－99 末端照射雷达等。SPY－1D 探测距离半球方式时为 324 千米，水平线方式时为 83 千米，可同时对 154 个空中和海面目标进行探测、识别和跟踪，具有速度快、精度高、容量大、距离远等优点，是目前世界上最先进的防空体系。此外，它还装有 OPS－28C 对海搜索雷达、OPS－20 导航雷达和日本国产 23 式火控雷达（用于 127 毫米炮）等。

“金刚”级首舰“金刚”号

该舰的电子设备有作战指控为 OYQ－6 战术情报系统和 NTDS 海军战术数据系统，并拥有 11 号、14 号、16 号数据链。反潜作战由 OYQ－102 情报处理系统和 OQA－201 水下攻击指控系统。电子战为 NOLQ－2 电子支援 / 对抗系统。另有 1 部日本国产 4 型拖曳式鱼雷诱饵。

“金刚”级导弹驱逐舰是日本海上自卫队最先进的水面战舰，它的防空作战能力在世界海军中也是第一流的。据称，为了配合美国的“TMD”计划，增加拦截弹道导弹的能力，“金刚”级有可能加装“标准Ⅳ”防空导弹，这将使该级舰的作战使命发生重大变化。

法意"地平线"级驱逐舰

▶『地平线』级护卫舰

近年来，欧洲大部分国家纷纷计划于 2015 年左右全面更新其武器装备，法、意自然也不甘落后。法国面向大西洋、背靠地中海，而意大利更是典型的海洋国家之一。因此，研制现代高科技条件下局部战争所需要的新型战舰也就势在必行了。为了给"夏尔·戴高乐"号航母及未来的第二艘航母护航，法国海军急需先进的防空型舰艇。意大利同样如此，随着新航母"卡佛"号的建造，意大利寻求新型防空舰的要求也日益迫切。

法国和意大利在 2000 年 10 月联合组建新公司，专门负责"地平线"项目的开发。"地平线"项目总预算为 30 亿欧元，其中约有 1／3 用于作战系统的开发。

法国"地平线"级驱逐舰的满载排水量为 6970 吨，意大利版满载排水量为 6700 吨。法意版舰长均为 151.6 米，法国版舰宽 20.3 米、吃水 4.8 米，意大利版舰宽 17.5 米、吃水 5.1 米。主机为 2 台 LM–2500 燃气轮机和 2 台柴油机，总功率可达 69300 马力，柴－燃联合推进，大大增强了其续航能力及远程作战能力。该级舰的最高航速可达 29 节，续航力达到 7000 海里／17 节。由于自动化程度高，近 7000 吨的舰艇仅需 200 名官兵的编制。

防空作战系统装备"主防空导弹系统"（PAAMS），该系统由 EMPAR 雷达、48 单元的"席尔瓦"垂直发射系统和"紫菀"导弹组成。

经过多方衡量，"地平线"级驱逐舰选定了 EMPAR 相控阵雷达。与采用

▼威猛的"地平线"级护卫舰

四阵面固定式SPY-1、APAR等相控阵雷达系统相比，EMPAR单阵面旋转式相控阵雷达的成本、重量与体积皆比它们低，但EMPAR雷达的目标更新速率也比它们差，面对以高速接近的目标时可能会有能力不足的情况。配备于“地平线”上的量产型EMPAR于2002年起开始生产，意大利海军的“卡佛”号航母已经配备了该型雷达。目前，该雷达系统在法、意两国新一代舰艇上已经累积了近40套的订单。

反潜作战系统该级舰拥有2座三联装鱼雷发射装置，配备新式MU-90型324毫米轻型鱼雷。航速50节，攻击深度超过900米，有效射程约11千米。

▼法国“戴高乐”号航母

为了防御鱼雷攻击，该级驱逐舰配备了SLAT鱼雷对抗系统，可以通过发射噪声诱饵等方式干扰来袭的鱼雷。这种新一代诱饵系统，可保障水面舰艇防御反舰导弹和鱼雷的攻击。

“地平线”级驱逐舰装备有法国自行研发的SENIT-8型号战术数据处理系统，该系统可以同时接收、追踪2000个由舰上雷达或从11号数据链、16号数据链等传来的目标信息。

由于“地平线”级舰是由法、意两国共同研制开发，其通用程度超过了90%，不过在部分武器系统上，法国、意大利版的“地平线”各有不同：

▲“地平线”级驱逐舰与英国“勇敢”级极为相似

一、反舰导弹法国选用MM40“飞鱼”导弹，意大利选用“奥托马特”MK3导弹。

二、舰炮，法国版最初打算配备1门100毫米舰炮，不过后来改为2门“奥托·梅莱拉”76毫米速射炮（射速120发/分，配备隐身炮塔），并列配置于舰桥前方。此外，还有2座“吉亚特”20毫米口径舰炮；意大利版“地平线”则采用3门“奥托·梅莱拉”76毫米速射炮，同样配备隐身炮塔，2门并列于舰桥前方，另一门位于直升机库上方，除了反舰攻击外还肩负近程防空任务。此外，还有2座25毫米自动炮。

三、声呐系统，法国的“地平线”配备1部4100CL首低频主/被动声呐以及1部DMS-2000主/被动拖曳阵列声呐，意大利版“地平线”则使用1部2080型首低频主/被动声呐及1部2087型主/被动拖曳阵列声呐。

四、直升机，意大利版“地平线”可装备1架NH-90或EH-101直升机，

▶法、意『地平线』级驱逐舰上都装备有NH-90直升机

而法国的只能装备NH-90直升机，且服役初期配备1架AS-565，日后将换装新的NFH-90直升机。

除此之外，两国的“地平线”级驱逐舰还将使用不同的卫星通信系统。

虽然“地平线”是法、意两国联合研制的新型战舰，但我们仍然可以窥见其浓郁的法国特色。舰上采用的海军战术情报处理系统、近程防御系统等是法国自主研制的，同时也代表着武器装备发展的先进水平。“地平线”级驱逐舰充分体现了法国海军的“一舰多用，平战结合”的思想。“地平线”级新型战舰集多种功能于一身，除为航母提供有效的防空火力支援外，还具有较强的反潜、反舰及对岸作战能力。

“地平线”为欧洲联合研制通用战舰提供了成功的范本。虽然欧洲通用战舰的研制一波三折，但在挫折之中总算是看到了一丝曙光。法、意两国在“地平线”成功合作之后，目前正在进行FREMM新型战舰计划的合作。同时，“地平线”计划合作的成功，对于法、意两国急需解决防空战力的燃眉之急，对于加强在地中海乃至大西洋地区的海上军事力量也有着相当重要的作用。

“地平线”级护卫舰下水

美国 DDG1000 驱逐舰

美国海军目前正在研制一种全新的隐形战舰——DDG1000 驱逐舰。该舰行动起来几乎悄无声息，雷达几乎探测不到它。该舰是为控制浅海区域而设计的，每艘耗资达 2.3亿美元。美国军方计划 2007 年开始建造第一艘，预计到 2012 年会有 7 艘 DDG1000 驱逐舰出厂。

滨濒海域通常航路上雷达林立，海中水雷密布，防守十分严密。传统战舰容易被敌方雷达发觉，而且浅水区的水雷阵也是舰艇的巨大威胁。

而 DDG1000 驱逐舰出众的攻击和防护能力令人刮目相看，该舰的 2 座 155 毫米舰炮可依靠全球定位系统，在 30 分钟内发射 600 枚远程地面攻击炮弹，散布在舰上的 80 个垂直发射装置还可发射“战斧”式巡航导弹或其他导弹，大大增强了该舰的攻击力量。为加强保护，DDG1000 驱逐舰还安装了新型双波段雷达系统，该雷达系统甚至可以对小艇上的恐怖分子进行定位。另外该舰呈圆形的前端还安装了灵敏的声呐组，可以精确探测水下雷区。

▼美军 DDG1000 未来战舰四视图

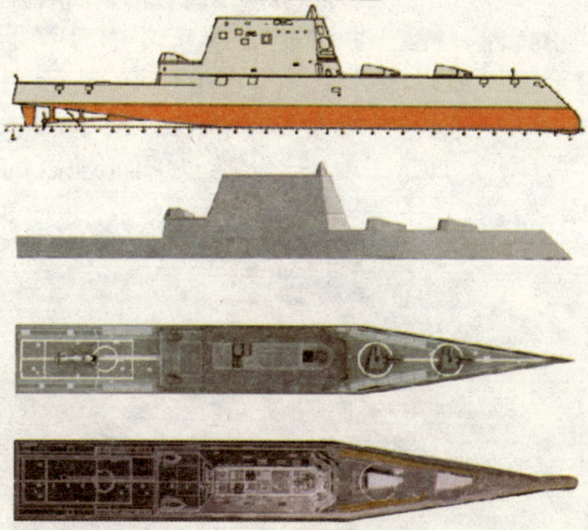

时下各国海军中服役的战舰多采用柴油为燃料，柴油发动机工作时噪声大，很容易被敌方潜艇探测到。另外，当今战舰电子设备众多、天线林立，其巨大的无线电反射面很容易被敌方雷达定位。

但 DDG1000 驱逐舰的设计人员为该舰的发动机设计了厚达 1 英寸的橡皮“外衣”，这样就消除了发动机的噪声。该舰的外形设计也独具匠心，它的各种通信设备都嵌入了甲板表面，舰身设计成向内倾斜的平面，这一点与大多数战舰的向外倾斜相反。这种设计能有效减少舰身的雷达有效反射面积，据介绍，该舰在雷达屏幕上显示时就像一条小渔船。

与“阿利·伯克”级导弹驱逐舰比较，DDG1000 水面火力和反对舰导弹能力提高了 3 倍，雷达辐射面减少到 1／50，防空能力提高了 10 倍，近海作战能力（包括扫雷能力）提高了 10 倍。

DDG1000 驱逐舰是美国海军的第一级适应对陆攻击和夺取濒海优势的多用途水面战斗舰只。它的使命是提供可承受的、可靠的、独立的前沿存在和威慑手段，并作为海军的、联合或混合的海上力量的所必需的完整部分使用。DDG1000 驱逐舰将提供先进的对陆攻击能力以支援陆上作战，并将在濒海行动中贡献其海军的、联合的或混合的作战空间优势。

护卫舰

护卫舰是以舰炮、导弹、水中武器（鱼雷、水雷、深水炸弹）为主要武器的中型或轻型军舰。它主要用于执行反潜和防空护航，以及侦察、警戒巡逻、布雷、支援登陆和保障陆军濒海翼侧等作战任务，因此又被称为护航舰。在现代海军编队中，护卫舰是在吨位和火力上仅次于驱逐舰的水面作战舰只，是世界各国建造数量最多、分布最广、参战机会最多的一种中型水面舰艇。

法国“拉斐特”级护卫舰

1990年12月15日，首舰“拉斐特”号在法国洛里昂海军船厂开工建造。该舰的建造工程十分顺利，仅仅用了一年半的时间，1992年6月13日，“拉斐特”号便建成下水。不过，由于其特殊的舰体外形设计，为了达到最佳的隐身效果，该舰的测试时间格外漫长，直到1996年3月23日才正式交付法国海军使用。其后不久，其第二艘舰“絮库夫”号也下水服役，第三艘“库伯特”号于1997年编入现役。另外3艘“若雷居贝里”号、“盖普拉特”号和“罗纳什”号也陆续于1998~2001年入役。

“拉斐特”号护卫舰的主要性能数据为：满载排水量3600吨；全长124.2米，垂线间长115.0米，水线宽13.6米，吃水4.1米；最高航速25节；续航力12节时9000海里；编制153人。

“拉斐特”级是世界上第一种在雷达、红外、水声等各方面均采用综合隐身技术，并产生明显效果的大型隐身战斗舰艇。而追求尽善尽美的隐身效果，也让“拉斐特”级的舰体线条流畅，外形优雅，充分体现了法国优良的造船工艺和审美观念。具有浪漫主义风格的法国人似乎将“拉斐特”级当作了一件供人欣赏的艺术品来设计制造，这使得“拉斐特”级被认为是当今最漂亮的战舰。

过去，水面战舰的甲板以上布满了各种口径的火炮、导弹和鱼雷发射装置，以及各种雷达天线、交通艇、气胀式救生阀、锚机、舷侧栏杆等等，再加上一两个大型的烟囱，总是给人以杂乱无章的感觉。而“拉斐特”级整艘舰上，除必须暴露的武器装备和电子设备外，其他设备一律采取隐蔽安装。直升机收进机库，只在起飞和降落时通过轨道和格栅进行起降操作；锚机、带缆桩和卷车等锚泊设备一律安装在甲板以下，只在停靠码头和需要锚泊时才打开舷侧盖板进行操作；舷侧交通艇和吊艇架收回到上层建筑内部，只在需要使用时打开舷侧卷门，吊放后立即盖上；舰载武器的布置也进行了专门的处理，“飞鱼”舰舰导弹发射装置平时平放在甲板之下，只在发射时才仰起倾斜角度；而“海响尾蛇”舰空导弹

▼“拉斐特”级护卫舰

发射装置即将被“紫菀”舰空导弹垂直发射装置取代。这样，“拉斐特”级的舰体以上甲板异常光洁，除了一座100毫米舰炮，几乎没有任何突出物。

同时，“拉斐特”的舰体也进行了特殊的隐身设计。“拉斐特”级在水线以上的各个暴露部分，几乎找不出一个直角的部位，所有舰体过渡之处和设备的外形都采用倾斜角度圆滑过渡，以避免造成雷达波反射。上层建筑部分的倾斜角度达到10度，而舷部则达到20度以上，在此之前，英国的23型和美国的“阿利·伯克”级最多只达到7度。

▶“拉斐特”级护卫舰将隐身性与造型艺术结合得如此完美

经过这些独具匠心的设计，3600吨的“拉斐特”级的雷达反射面积甚至不及一艘500吨级的快艇。据说，在“拉斐特”号试航时，舰载直升机在起飞执行完任务之后，使用机载雷达居然无法找到母舰。最后，“拉斐特”号只得打开舷侧交通艇舱外卷门，以增大舰体雷达反射面积，才得以引导直升机安全返舰。

此外，“拉斐特”级还采用了大量红外隐身和水声降噪措施，达到了全面隐身的效果。在水下，“拉斐特”级采用了气幕降噪方法，即在舰艇底部通过各种导管产生大量气泡，以形成气泡垫，吸收本舰向水下辐射的噪声，以降低敌方潜艇探测和鱼雷攻击的概率。所有这些隐身措施都大大降低了“拉斐特”级的可被探测率，从而从根本上提高了该舰的海上生存能力。

除了隐身性以外，“拉斐特”级还在提高适航性、续航力、生命力、自动化等方面作出了新的努力，进行了优化设计。

“拉斐特”级具有对海、防空、反潜等全面的作战能力，但其武器和电子设备的选用却力求精良、简练，因此在总体布局上毫无拥挤、杂乱之感。

对海武器装备有：2座四联装“飞鱼MM40”反舰导弹发射架、1座100毫米自动炮安装在舰艏甲板，此外还有2座人工操纵的20毫米炮。

防空武器预定装备2座8单元“紫菀15”防空导弹垂直发射装置，布置在驾驶室前的甲板平台上，由于研制进度赶不上，目前尚不能安装，现以1座八联装的“响尾蛇CN2”防空导弹系统代替。此外，100毫米炮也有防空能力，其发射率可达每分钟80发；两舷在20毫米炮之后还各装有1座“达盖”10管诱饵发射装置，可发射金属箔条或红外诱饵。

反潜战主要靠直升机承担，由它携带吊放式声呐、声呐浮标和反潜鱼雷。本级也可派生为反潜型，此时将安装舰壳声呐、拖曳式线列阵声呐以及鱼雷诱饵系统，但在首制舰“拉斐特”号上并未装设。

西班牙F-100级护卫舰

西班牙海军先后建造了4艘先进的F-100级防空型护卫舰，该型护卫舰是世界上第一种安装美制“宙斯盾”的护卫舰。单从防空能力来讲，该舰是欧洲性能最强的防空型护卫舰，具有区域反导侦测能力。西班牙和德国、荷兰于1994年开始进行“三国护卫舰计划”（TFC）。“三国护卫舰计划”采取弹性做法：由各国发展各自的新一代防空护卫舰，只在关键性的装备上采用共同装备，即协议覆盖联合操作舰艇平台上而不在系统上，西班牙在此计划中自取的项目名称即为F-100。同一时期，英、法、意也联合展开了“下一代共同护卫舰”（CNGF）计划，又称“地平线”护卫舰计划。

欧洲各国造舰计划开展不久，美国面对欧洲防空型舰艇建造热潮，为了抢占军火份额，宣布向北约国家出口其最先进的舰载“宙斯盾”系统，并且向西班牙政府施加压力。经过考虑，西班牙在1995年6月决定退出“三国护卫舰计划”，采用美制“宙斯盾”系统。西班牙也因此成为继日本之后，第二个获得美国“宙斯盾”系统的国家。

F-100级多用途护卫舰由欧洲第二大造船厂西班牙伊扎尔造船厂（IZAR）建造，排水量高达5853吨。西班牙海军定购的总数为4艘：第一艘“艾尔瓦洛·迪巴赞”号，舷号F101，在2000年10月下水，2002年9月正式服役；第二艘“朱安·博本海军上将”号，舷号F102，在2002年2月28日下水，2003年12月正式服役；第三艘“布拉兹·迪·黎洛”号，舷号F103，在2003年5月下水，2005年正式服役；第四艘“曼迪兹·努尼兹”号，舷号F104，在2004年11月下水，2005年年底开始服役。4艘F-100多用途护卫舰用于替换服役期较长的“巴利阿里”级护卫舰。

最终建成的F-100级多用途护卫舰的主要任务是舰队保护、防空战斗、反水面和反潜战斗以及被当做旗舰使用。

▼西班牙F-100级护卫舰

西班牙海军最新服役的F-100级最核心的一点就是有很强的区域防空作战能力，这主要得益于美制“宙斯盾”系统的强大威力。西班牙海军声称，该级舰的造价仅为美国的“阿利·伯克”级驱逐舰的一半，却拥有与其“几乎完全相同”的能力，两者最大的区别是目前F-100级不具备发射诸如“战斧”巡航导弹的能力。

美国“阿利·伯克”级“宙斯

盾”驱逐舰满载排水量 8300 吨，而西班牙 F-100 级虽然号称世界上最大的护卫舰，但满载排水量却只有 5853 吨。因此为了在 F-100 级上安装庞大的美制“宙斯盾”系统，美国洛克希德·马丁公司专门为 F-100 级护卫舰生产了专用出口型缩小版“宙斯盾”系统，以便使这套在驱逐舰上安装的系统能安装在大型护卫舰上。但“宙斯盾”系统雷达性能方面基本相同，只在舰载导弹数量和种类上有所减少，如只有 2 具 SPG-62 照明雷达，而美国“阿利·伯克”级“宙斯盾”驱逐舰为 4 具。同时西班牙伊扎尔造船厂工程师们巧妙利用两层甲板的舱段设计安装了整个雷达的各个分系统。四面数字天线装在舰桥后方一个相当高大的塔状结构物上。因此，为了避免妨碍 SPY-1D 雷达的操作，除了就位于这一塔状结构物上方的主桅杆之外，舰上各种结构物、装备的高度都要受到限制。

▲F-100 级护卫舰正在吊装 Mark41 垂直发射系统单元

西班牙海军 F-100 级多任务护卫舰虽然侧重防空能力，但作为多任务护卫舰，它的作战能力完善，反潜、反水面舰艇能力同样强大。

单从舰队防空和防御方面来看，F-100 级组成三层防御：中远距由“标准”SM-2MR BlockⅢA 防空导弹承担，有效区域达到 150 千米，为舰队提供防空任务，主要针对中高空战机和中低飞行高度反舰导弹，由于该型导弹性能全面，也能打击掠海飞行、超声速反舰导弹等目标；近距由“改进型海麻雀导弹”承担，有效区域达到 30 千米，为舰队或自身提供防御，主要针对超声速、超低空、低雷达截面反舰导弹；最后一道防线近防由“梅罗卡”近防火炮承担，为自身提供保护，发挥类似美国“密集阵”近防系统的能力。

▲F-100 级护卫舰上的『宙斯盾』系统和舰载武器

在武器配备方面 F-100 级护卫舰在舰艏安装一门 Mk45 Mod2 型 127 毫米舰炮，配备西班牙伊扎尔造船厂的 FABA 系统部生产的“多纳”雷达 / 光电火控系统。“多纳”传感器包括 K-波段雷达和追踪雷达，连同红外系统、视频系统和激光测距仪。美国海军已经选定“多纳”系统，将来用于配备在濒海作战舰上。

反舰武器系统方面在舰身中段有 2 套四联装波音公司“鱼叉”反舰导弹系统。“鱼叉”最大射程达到 120 千米，装有 1 枚 220 千克重弹头，采用主动雷达末端制导。另外，装备 2 套 MK46

双管鱼雷发射装置用于MK46 Mod5轻型鱼雷。

舰体安装美国雷声公司DE1160LF主动/被动声呐，还有一部SQR-19A拖曳阵列声呐。

西班牙海军F-100级的模块化设计，整个舰艇由27个模块组成。在隐形技术设计方面，大量采用如倾斜式干舷，舷墙与上层结构紧密整合，减少了侧面折角和三面角结构等。这有助于降低雷达信号。它通过废气冷却，舰壳洒水系统、主机减震基座等技术，降低红外信号、电磁信号特征和噪声。

▲6组八联装Mark41垂直发射系统在舰上的外型

在欧洲众多的新型护卫舰或驱逐舰中，西班牙海军F-100级将第一个集成无人机系统。美国诺斯罗普·格鲁曼公司的集成系统分公司已与西班牙的伊扎尔造船厂签订了一份技术援助协议，以推动美国海军的“火力侦察兵”垂直起降无人机在西班牙的F-100级护卫舰计划中使用。西班牙海军对伊扎尔造船厂建造的新型或改进的现有护卫舰的精确武器目标导向系统提出了新要求。依据这项要求的规定，“火力侦察兵”无人机可为实施对陆攻击任务的精确制导武器提供目标指示的要求。

“火力侦察兵”无人机系统可作为海军海上和海军陆战队岸上的武器增效器。“火力侦察兵”无人机可在6000米的高空飞行，它装备有包括激光指示器/测距仪在内的光电/红外传感器，可提供高精确度的情报、侦察和监视，向军事决策者提供敌方的资源和地面人员实时的信息和定位。

西班牙海军F-100级“宙斯盾”护卫舰是西班牙舰艇制造方面的巨大成就，它成功地将庞大的美制“宙斯盾”系统和本国的武器系统、传感器系统等集成综合应用到大型护卫舰上。F-100级“宙斯盾”护卫舰使西班牙海军能力跃升，其最出色的远程防空能力，能够有效地保护舰队抵御来自空中、水面和水下的进攻。

▲保卫西班牙的伊比利之盾——F-100护卫舰

德国“萨克森”级F-124型防空型护卫舰

随着反舰导弹技术水平的不断提高，舰艇受到的空中威胁越来越大，世界各国都相继打造出先进的防空型护卫舰。荷兰、德国和西班牙，为了保证各自国家的下一代新型护卫舰建造，集中力量弥补各自不足，共同签署了一个“三国护卫舰计划”。三个国家的新型护卫舰都突出防空能力，采用先进的相控阵雷达系统的同时，又存在一定差别。德国海军的新型护卫舰被称为“萨克森”级防空型护卫舰（F-124型），荷兰海军的被称为LCF护卫舰，西班牙海军的被称为F-100型护卫舰。

F-124型护卫舰的第一艘FGS“萨克森”号，舷号F219。1996年3月14日签订建造合同，在汉堡市的Blohm-Voss造船厂建造，2002年10月底交付，2004年正式服役；第二艘FGS“汉堡”号，舷号F220，由HDW造船厂建造，2002年8月下水，2004年1月开始航行试验，2004年交付；第三艘FGS“黑森”号，舷号F221，由TNSW造船厂建造，2003年7月下水，2005年交付。

F-124型护卫舰是德国海军第一艘采用模块化结构建造的舰艇。包括4个武备模块、7个电子模件、9个设备模件、24个仪表模件、12个通风模件和2个桅杆模件。

该级舰长143米，宽17.2米，吃水4.4米；满载排水量5600吨；人员编制为225名，其中军官39名。

F-124型护卫舰安装泰利斯荷兰公司（以前的Signaal公司）的Sewaco FD战斗系统，使用一套分布式实时数据库和综合通信网络，包括17个多功能控制台和处理机，2台大屏幕战术显示装置，12个总线界面单元，1套COS-MOS监视系统，1套冗余数据链和分布式处理系统。系统采用异步传输模式（ATM）为基础的体系结构，用于快速的数据传输。

德国“萨克森”级F124型防空护卫舰

▲德国海军“萨克森”级护卫舰

▲F-124级护卫舰具有突出的隐身性能

F-124型护卫舰注重防空能力，需要各种先进雷达系统来搜索、捕获和跟踪目标，并指挥舰载武器系统实施攻击。雷达包括：2套STN Atlas9600-M/J-波段多功能ARPA雷达；泰利斯荷兰公司SMART-远程空中、水面监视和目标显示雷达；泰利斯荷兰公司APAR多功能有源相控阵雷达。

F-124型护卫舰配备有2套三联装MK32鱼雷发射装置，用于发射Eurotorp MU90轻型鱼雷。另外还配有直升飞机携带的远距离轻型鱼雷。

F-124级护卫舰在海上执行战斗任务

飞行甲板和机库可容纳2架NH90直升机，飞行甲板额定承载1架15吨级直升机，如一架“灰背隼”。

德国海军“萨克森”级防空型护卫舰总体来讲，武器系统基本采用美国“阿利·伯克”级“宙斯盾”驱逐舰系统，以节省研制成本。另外，进一步采用和西班牙、荷兰共同开发方式来降低风险和保证计划实施。因此，德国参与的“三国护卫舰计划”同欧洲其他国家的“下一代护卫舰建造计划”如英国45型驱逐舰和法、意两国合作“地平线”护卫舰计划相比进展速度要快很多。现在三艘舰都已经下水交付使用。

荷兰 LCF-“德·泽文·普鲁文森”级导弹护卫舰

▲LCF 首舰“迪泽文”号（F-802）

早在 20 世纪 80 年代北约就进行了共同研制新一代护卫舰的尝试，但是终因众口难调而散伙。其后北约一些渴求新型护卫舰的国家又根据相互的利益开始联合研制，试图通过以共同分担研制费用、共享研制成果的方式实现各自对新型护卫舰的构想。英、法、意三国联合研制“地平线”级护卫舰，德、荷、西三国也共同签订了“三国护卫舰合作计划”。

LCF 属欧州“三国护卫舰合作计划”，是荷兰海军最新型护卫舰，与德国“萨克森”有许多相似之处。该舰较“萨克森”级要大一些，由其平缓的侧面可见设计更重视隐身性和对核、生物、化学武器的防御。

LCF 的舰艏装有 5 组八联装 MK41 垂直导弹发射系统，比“萨克森”级多出一组；其中 32 管装填“标准”SM-2 区域防空导弹，另外 8 管装填“海麻雀”近程防御导弹，每管装填 4 枚，共 32 枚。LCF 采用 2 具荷兰 Signaal 公司的守门员近战防御武器系统，而非“萨克森”级的 RAM。

鱼雷方面，LCF 使用隐藏于舰体内的 MK32 Mod9 双联装鱼雷发射器，有别于“萨克森”级安装于甲板上的传统式三联装 MK32，对隐身性更为有利。

侦测方面，除了 TFC 共同的 APAR 与 SMART-L 对空搜索雷达之外，LCF 装有天蝎星远程被动红外搜索系统。

主炮方面，LCF 选用的是一门意大利“奥托”127 毫米舰炮，同样使用此种舰炮的还有日本的“金刚”级导弹驱逐舰与韩国的 KDX 驱逐舰。

动力方面，LCF 和“萨克森”级一样采用复合柴油机与燃气涡轮动力系统，但是 LCF 使用英国造 WR-21 循环式中段冷却再加热燃气涡轮，这种同时还被美国 DD-X 与英国 45 型驱逐舰选择的新一代涡轮主机在环保、节省燃料、动力产生效率等方面，都远远超过 LM-2500 等现在常见的舰载燃气涡轮发动机。

荷兰皇家海军早在 1993 年 12 月 15 日便与皇家须尔德造船厂签订 LCF 的建造合约，其细部设计则在 1995~1997 年进行。荷兰皇家海军最初只打算采购 2 艘 LCF，但在 1995 年 6 月正式签约时（也就是西班牙退出 TFC 的同一时间）则增加至 4 艘。LCF 首舰“迪泽文”号（F-802）于 2000 年 4 月下水，并于 2002 年服役；而其余 3 艘 LCF（F-803 ~ 805）则分别已经在 2003、2004 与 2005 年交舰。

俄罗斯海军22350型新型护卫舰

近年来，随着俄罗斯军费情况的有所好转，海军新型舰艇现身于广阔的海洋，停建多年的几艘“北风之神”战略核潜艇又陆续重建，新型“拉达”级常规潜艇面世，并且开始加速建造一些新型水面舰艇，俄罗斯海军实力逐渐回升。护卫舰方面俄海军已动工建造了20380型隐形护卫舰和11540型护卫舰。相继下水的20380型轻型护卫舰配备有现代化的反舰、反潜和防空系统，并采用新技术以提高隐形性能，但其2000吨左右的排水量实在是太小了，作战能力有限，无法执行远海作战任务。因此，俄罗斯海军决定制造具备多种打击能力的大型多用途护卫舰。2006年2月，超大型导弹护卫舰22350型首舰“戈尔什科夫海军元帅”号动工建造，它是苏联解体15年来俄罗斯海军建造的第一艘远海、远洋战舰。

2006年2月1日，俄罗斯北方造船厂在圣彼得堡举行了首艘22350型护卫舰“戈尔什科夫海军元帅”号的开工建造仪式。尽管该型军舰被称为护卫舰，但其排水量却超过了大多数驱逐舰。22350型新型护卫舰由圣彼得堡北方设计局设计，其舰长130米，宽16米，满载排水量约8000吨，航程超过4000海里。22350型多用途护卫舰主要用于在远海打击敌水面舰艇、潜艇以及空中突袭兵器。

22350型护卫舰火力强大，几乎相当于一艘巡洋舰。舰上装配各种新型无线电电子设备和现代化指挥控制系统；配备有当今最新的现代化武器装备和指挥控制系统，包括8枚“红宝石”反舰巡航导弹、A－192新型130毫米舰炮、“蝼蛄”－2反潜导弹系统、“飓风”中程防空导弹系统以及1架卡－32反潜直升机。

▼22350型护卫舰上装备有8枚“红宝石”反舰导弹

22350 型护卫舰的近程防空武器是“卡什坦”弹炮结合系统，该系统包括 2 门 30 毫米 6 管高射速机关炮，8 枚 SA-N-11 近程防空导弹。其导弹采用雷达光电复合制导，射程 1.5～8 千米。模块下方有自动装填弹库，备弹 32 枚。

22350 型护卫舰还可作为俄海军海上编队中的指挥控制舰来使用。22350 型多功能护卫舰不单在战斗性能上优于俄海军现役导弹巡洋舰，在航海性能、生存能力、全天候使用以及经济性、战斗效能、自动化程度、火控系统等各方面也均远远超越俄现役各种护卫舰。也许，这型新护卫舰的设计初衷并没有更多地考虑为航空母舰“保驾护航”，但先进的武器装备和出色的技术性能使它足以完成该项任务。

▼俄制卡-32 共轴直升机

近期，在俄罗斯，加快建造航母、同时尽快找到为航母护航舰只的呼声越来越高。俄海军新任司令马索林上任后，首先明确提出俄海军发展的四大任务，强调建造新航母的重要性。他说：“虽然我们不需要像美国那样拥有 12 艘航母，但几艘还是需要的。”一旦俄海军几艘新航母服役后，必将需要有大批战舰替它“保驾护航”。22350 型护卫舰因其性能突出，自然是首选和主力。

▼22350 护卫舰的近程防空武器“卡什坦”炮弹结合系统

根据最新规划，俄海军将在 2025 年前拥有 320 艘现代化作战舰艇，包括 6 艘航母、95 艘潜艇和其他 100 艘大型水面战舰。俄海军将建成具有近海防御能力、远洋攻击能力、远程核打击能力和快速反应前沿部署能力的新型强大海军。

22350 型导弹护卫舰首舰开工建造具有较强的象征意义，充分表明俄海军已逐步摆脱困境，加速现代化舰艇换装进程，试图恢复昔日世界第二远洋海军的超强实力，从而全面维护国家海洋利益。

瑞典"维斯比"级轻型护卫舰

北欧的瑞典在武器装备生产方面风格独特，设计和生产了很多技术先进的武器，尤其是舰艇隐身技术方面处于世界领先地位。早在1991年就制造了著名的"斯米格"号隐身实验艇。此后，瑞典国防装备管理局和瑞典工业界继续潜心研究，花费800万瑞典克郎的研制费，精心设计出了"维斯比"级隐身轻型护卫舰。该级舰长72米，舰宽10.4米，吃水2.5米，满载排水量620吨，人员编制43人。

瑞典海军计划耗资100亿瑞典克郎分两批建造6艘"维斯比"级轻型护卫舰，折合每艘造价约2亿美元。首批建造的4艘主要执行反水雷和反潜任务，替换即将退役的3艘"阿克岛"级扫雷舰和4艘"休金"级导弹艇。第二批的2艘将主要执行反舰和攻击任务，但是后来由于经费问题裁减了1艘。

▼"维斯比"级轻型护卫舰

1996年12月17日，首舰"维斯比"号（舷号K31）开工建造，2000年6月8日，在考库姆船厂举行了隆重的下水仪式，瑞典成为世界上第一个拥有实用型隐身军舰的国家。"维斯比"号于2001年2月开始各系统的海上测试，并于2003年底正式服役。另外4艘舰也陆续建成服役，分别是"赫尔卡堡"号（K32）、"海纳桑德"号（K33）、"尼雪平"号（K34）号、"卡尔斯塔德"号（K35）。它们和"维斯比"号一样均以瑞典城镇的名字命名，这些隐身战舰将全天候在瑞典群岛、彼罗的海、卡特加特海峡、北海等近海域执行任务。

"维斯比"级的隐身能力极强，瑞典方面称这艘舰上的雷达反射面积仅相当于2条标准鞭状天线！舰上除一个锥形指挥台和一门隐身舰炮外，再未布置任何外露的设施：舰面光洁而平整。同时，舰体各个部位均由不规则的倾斜多面体组成，舰载雷达、卫星通信天线、各种电子设备天线等都被封装起来。舰载导弹、反潜武器及反水雷设备则安装在上甲板以下部位，舰体上预留的发射口上有遮盖装置。加上上层建筑外表均涂有吸收雷达波的材料，从而极大地降低了雷达信号特征。为了减少可视光信号，瑞典海军尽量减少"维斯比"舰上各种旋转、闪烁的物体，如将旋转的雷达封闭在可选频材料制造的雷达屏蔽器内。全舰还涂敷有伪装迷彩，不过由于作战海域的关系，迷彩的阴影是灰色，而不是以前建造的导弹艇和轻型护卫舰用的绿色。同时为了减少水下噪声辐射，“维斯比”级舰用了喷水推进装置，这种推进器与螺旋桨推进方式相比，在同一航速下可使舰艇的水下辐射噪声降低10分贝以上。在平静的海面上，“维斯比”级舰被敌方雷达探测到的距离仅为22千米，在有风浪的海面上更是减为13千米，如果采用干扰技术，其探测距离还将缩小1/2。而与其同样大小的常规舰艇在平静的海面被发现的距离则超过50千米。

“维斯比”级舰另外一大特点是舰体、甲板、上层建筑基本都是碳纤维增强塑料夹层板制成的。与传统材料相比，这种材料不仅结构坚实，强度可与钢铁相媲美，而且无磁性，有利于降低舰艇产生的磁场，并有良好的抗震性能，因而可执行反水雷任务。此外，碳纤维增强塑料夹层板光滑平坦，有助于取得良好的隐身效果。同时还可以绝热，对舰内各种机械设备产生的红外辐射有较好的屏蔽作用。另外，这种复合材料比重轻，可减轻舰体重量，且不像铜那样容易腐蚀，从而大幅度减少全寿命费用。

“维斯比”级舰采用的是柴－燃交替动力装置，双轴喷水推进。高速航行时采用4台TF50A型燃气轮机，功率为21760马力，其最高航速可达34节。

“维斯比”级舰装备MK-2型RBS15反舰导弹，左右舷各4枚，从甲板的专门舱口射出。导弹可掠海飞行，飞行速度0.8马赫数，半穿甲爆破战斗部重250千克，最大射程达150千米，末制导为主动雷达制导。后续的两艘“维斯比”级舰上将装2座四联装ALECTO系统。系统使用127毫米火箭发射装置，火箭长1.8米，重约50千克，使用不同的战斗部进行反潜、反鱼雷和电子对抗，作战范围为几百米至6000米。在舰艏配置了MK357毫米博福斯舰炮，该炮由CEROS200雷达/光电指挥仪控制。采用隐身炮塔，可发射57毫米可编程的引信炮弹。

“维斯比”级轻型护卫舰由于其良好的隐身设计、独特的材料和创新的构造，将对未来海军舰艇的发展产生巨大的影响，世界上主要海军强国都开始发展这类有着良好隐身性能的轻型濒海战斗舰艇。

侧面形状也很独特的“维斯比”级护卫舰呼啸而过

新加坡“无畏”级护卫舰

新加坡国防部（MINDEF）为设计和建造新型护卫舰制订了“三角工程”，而且由新加坡国防科技局（DSTA）管理。2002年3月，新加坡国防部授予法国舰艇建造局（DCN）承包合同，为新加坡海军建造6艘“无畏”级多任务护卫舰。这并不是一份单纯性的购买合同，承包合同包括一个技术转移计划，第一艘护卫舰由法方建造，其余5艘由新加坡科技船舶公司（STM）建造。整个“三角工程”，新加坡国防科技局（DSTA）同新加坡科技电子公司（STE）广泛参与。

新加坡海军新型护卫舰“三角工程”计划建造6艘：第一艘RSS“可畏”号，舷号68；第二艘RSS“无畏”号，舷号69；第三艘RSS“坚定”号，舷号70；第四艘RSS“不屈”号，舷号71；第五艘RSS“坚强”号，舷号72；第六艘RSS“无比”号，舷号73。

2003年3月，第一艘“可畏”号龙骨在法国洛里昂造船厂安放；2003年11月，第二艘“无畏”号龙骨在新加坡科技船舶公司造船厂安放，并且完成了钢材切割工作。

2004年1月7日，“无畏”级的第一艘RSS“可畏”号，在法国布列塔尼半岛洛里昂造船厂下水，新加坡国防部长出席了下水仪式。第二步是安装作战和平台系统的工作，在2004年12月开始试航，2005年第二季度交付新加坡海军。所有的“可畏”级护卫舰将会在2009年之前全部服役。新型“无畏”级护卫舰将会代替6艘在1972年服役的德制“海狼”级导弹艇，这些吨位较小的陈旧导弹艇正在接近操作寿命极限。

◀新加坡『可畏』号护卫舰

该级舰共建成3艘。首制舰1985年开工，1988年5月下水，1991年加入现役。它的舰长130米，宽15.5米，吃水5.5米；满载排水量3800吨；动力装置采用4台燃气轮机，总功率11万马力，最大航速30节。

为了达到有效隐身的目的，“无畏”级舰的上层建筑采用了倾斜式外壁，并涂有雷达波吸收材料。该级舰还设有一个大型废气速冷系统，以冷却燃气轮机排放的高温废气，降低红

▶从『无畏』级护卫舰上发射升空的导弹

外信号；舰体侧面比较低平。这些均有助于减小雷达反射面和红外信号。

该级舰的艏楼约占舰长的84%，充分扩大了有效空间。它的舰艏甲板舷弧较大，艏柱前倾明显，有利于减轻前甲板淹湿。舰艏端舷弧线具有负度小倾斜，可为艏部主炮提供良好的前方射界。该级舰的干舷较高，有利于改善在风浪中的航行性能。设计师还独运匠心，沿舰体主甲板上方安装有水幕装置用的管路；这种水幕装置不仅可以用来冲洗核生化污染物，而且可在舰四周喷出一个冷却水幕，从而减弱红外辐射强度。

出于有效防空和反潜的需要，该级舰装备了十分先进的武器装备4座6联装SA–N–9垂直发射舰空导弹、2座CADS–N–1弹炮合一近程防空系统、1门100毫米火炮、6座SS–N–X反舰导弹发射架、1座10管RBU–12000火箭深弹，以及1架卡–27“蜗牛”直升机。此外，舰上还装有多种雷达、声呐和电子战设备，性能十分先进。

▲新加坡海军首艘“可畏”级护卫舰“可畏”号进行海试

新加坡海军“无畏”级新型护卫舰是新加坡自行建造的第一种中型舰艇，也是新加坡最大的水面舰艇，使新加坡海军开始拥有远洋作战能力。“无畏”级整体性能十分优异，是东南亚地区最先进的水面舰艇。

◀『无畏』级原型法国『拉法叶』级隐形护卫舰

导弹艇

导弹艇是以舰舰导弹为主要武器的小型高速水面战斗舰艇，可对敌大、中型水面舰船实施导弹攻击，也可担负巡逻、警戒、反潜、布雷等任务。导弹艇吨位小，航速高，机动灵活，攻击威力大。导弹艇的性能特点与鱼雷艇基本相同，但由于导弹在攻击距离、攻击准确性和突然性等方面远优于鱼雷，所以导弹艇具有更强的战斗力。

芬兰海军“哈米纳”级隐身导弹艇

20世纪90年代，北欧兴起研制新型FAC攻击艇热。FAC即高速攻击艇的英文缩写。由于FAC装备舰对舰导弹，因而也被称作导弹快艇或高速导弹艇。瑞典“维斯比”级起步较快，芬兰“哈米纳”级紧跟其后。芬兰在1993年之前装备了“劳玛”级导弹快艇。“劳玛”虽然具有较强的反潜反舰能力，但机动力却是欧洲导弹快艇中比较差的。芬兰海军不甘落后，便在第四艘“劳玛”下水后不久就迅速发展出新一级弥补“劳玛”缺陷的高速攻击艇，这便是“哈米纳”级。

▲身披迷彩的『哈米纳』级隐身导弹艇

自1998年至今，已有4艘“哈米纳”级高速攻击艇装备芬兰海军。“哈米纳”是芬兰海军现役最先进的导弹快艇。

从外观上看，它发扬了“劳玛”多面体上层结构的设计优点，全舰从船体到上层结构都高度整合，几乎没有侧面锐角，多方注意抑制红外信号，显示出很好的隐形效果。尤其是它采用新型涂料涂饰的与北欧海陆复杂地形相谐的峡湾迷彩，具备了极佳的隐形特性，使“哈米纳”在多次峡湾演练中都隐藏得很好。它凭借地形或自然的噪声将雷达信号隐没，至少可在开始攻击前不被敌人发现。它既具有自己可以攻打敌舰却又不让敌舰接近的优势，又能在本艇反舰导弹射程内突然接近敌舰，发挥导弹艇先发制人的效能。“哈米纳”迷彩成为了同类型导弹快艇中的一绝。

“哈米纳”级满载排水量是270吨，最大航速38节。它的主要武器为一座40毫米速射炮、2座双联装RBS-15SF反舰导弹发射器和反潜火箭。战时，它对大型舰船具有攻击能力；平时，它则担负维护海域主权、保护海洋资源的巡逻任务。它的信息数据链将纳入欧盟情报作战指挥网，在联合作战中心的指挥下，更好地发挥效率。

挪威“盾牌星座”级导弹艇

现代水面舰艇的隐形性越来越受到重视。隐形性好的水面舰艇不仅能够有效地保护自己，而且可以先敌发起突击。位于北欧的挪威国土面积仅 30 多万平方千米，海、岛岸线却共有 5000 多千米，群岛和峡湾众多，因此极需要一种适用于挪威多群岛和峡湾的海岸地形且能利用自身隐形能力实施近海作战的小型舰艇。“盾牌星座”级导弹艇应运而生。

“盾牌星座”采用了极为出色的隐形设计：艇体完全取消了直角结构，所以产生的定向反射面积极少；艇上的舱门和舱口也采用表面嵌入式，并且安装有雷达反射屏蔽格网；艇体和表面还大量安装雷达波吸收材料和涂敷复合材料，横梁、桅杆和支承结构选用高抗拉强度的碳纤维和石墨填充材料；艇体内外使用了由玻璃纤维和石墨多层粘合布组成的多层纤维增强塑料，边缘则使用了乙烯树脂和聚酯树脂。

▲“盾牌星座”级棱角格外分明

“盾牌星座”级艇在正常情况下由燃气轮机驱动，但也能由小型柴油发动机驱动，而后者可以大大减少红外特征。还有一点不可忽略的是，在空气垫作用下，升高的艇体将明显减少磁性部件的磁场特征。这些技术使该级艇的隐形性能名列世界前茅。

“盾牌星座”级导弹艇长 46.9 米，宽 13.5 米。它的满载排水量仅 260 吨。其艇身却使用了气垫双体船型，在连接两个艇身的艇体之间有一个空气垫，从而将整个艇体抬高。由于它的吃水深度仅为 0.9~2.3 米，只有少量的艇体与海面接触，因而使波浪阻力明显减少。同时“盾牌星座”级导弹艇使用了先进的喷水推进器。通过综合应用上述几项措施，该导弹艇的最高航速达 56 节。

虽然“盾牌星座”级导弹艇吨位较小，可是它搭载了足够数量的武器，打击威力相当强：艇上携带 8 枚装备有红外成像自动导引头的 NSM 反舰导弹，最大射程超过了 150 千米；艇上还安装欧洲导弹设计局设计的“西北风”双联装舰空导弹，采用红外制导方式，最大射程为 4 千米；此外，艇上还装有 76 毫米快速舰炮，炮弹重 6 千克，最大射速为 120 发 / 分，最大射程达 16 千米，可有效地抗击飞机和其他舰艇；该艇也装设了德国 MASS 多种装药的软杀伤诱骗系统，最多时可发射 32 枚全频谱火箭，足以对抗对方的反舰导弹。

“盾牌星座”级导弹艇上的雷达和光电射击控制系统可对导弹和舰炮提供可靠的射击控制。它还将换装新研制的 MRR–3D–NG– 波段多任务雷达和联合敌我识别系统。

瑞典“哥德堡”级导弹艇

瑞典所在的波罗的海海域水道浅而多礁，相对小艇而言，大中型舰艇更易受到岸基飞机、岸基导弹、小艇和潜艇等的攻击。因而，从20世纪60年代中期开始，瑞典海军就摒弃大中型水面舰艇而致力于发展小型战舰。瑞典曾先后推出过三型小艇，即“斯庇卡”I、“斯庇卡”Ⅱ和“斯庇卡”Ⅲ型。

由于当时瑞典本国不能生产舰对舰导弹，所以，“斯庇卡”I/Ⅱ级艇装备6枚线导鱼雷，主机采用2台燃气轮机，航速达40节，以满足高速突击的要求。对空防御及与小艇的对抗则依赖57毫米多功能炮。其船体线型，采用吕尔森公司的成功设计，艏部为圆舭型，方艉，该船型在恶劣海况下仍能保持良好的性能。

此后，瑞典SAAB/“博福斯”公司迅速研制出RBS-15舰对舰导弹。这种亚音速掠海飞行导弹总重770千克，射程70千米，主动雷达制导，与533毫米鱼雷发射管占用的甲板空间相当。因而，“斯庇卡”Ⅲ型艇（即“斯德哥尔摩”级）采用了这种武器。

但是，Ⅲ型艇的设计建造相当仓促，尽管装备了一些反潜设备，瑞典海军仍深感其反潜能力不足。为进一步改进反潜能力，对Ⅲ型艇相应加长，将上层建筑前移以便安装拖曳声呐、为反潜深弹和箔条火箭提供遮蔽甲板，并采用了喷水推进器，这种改型即“哥德堡”级。

“哥德堡”级共建造4艘，1985年12月瑞典海军与卡尔斯克纳沃船厂签订了建造合同。1986年2月正式动工建造，1989年4月首艇下水，1990年2月服役。后续艇于1991~1993年建成。

“哥德堡”级的使命任务为：攻击水面舰艇和两栖舰队、反潜、防空反导及布雷。

“哥德堡”级总体性能与装备数据如下：艇长57米，宽8米，吃水2米；标准排水量300吨，

▶瑞典“哥德堡”级导弹艇

满载排水量 399 吨；推进功率 8700 马力，最大航速 32 节，续航力情况不详；艇员 36 名，其中军官 7 人。

在对“哥德堡”级进行预研时，曾考虑过双体船、水翼艇和气垫船的设计方案，但最终还是选择了效费比最高的排水型船体。在确定采用喷水推进后，研究人员重新设计了一套新的船体线型。

“哥德堡”级有一个连续的上甲板，船体艏部为 V 型，艉部为圆舭平板型，有一个斜艏柱和方艉。船体由 8 个舱壁分隔几个主要的隔舱。

在发生原子、生物、化学战时，该艇可完全气密封闭；此外，设水幕系统，上层建筑内设清洗站。

该艇上装有一个三维线圈消磁系统，它由一个嵌有微处理器的磁强计进行控制，可对艇艏向的所有变化迅速做出反应，并可防止电磁脉冲对雷达/通信/计算机设备的干扰。

该艇的内部衬料、绝缘材料和舾装材料尽可能使用非易燃材料；船体分成几个防火区段，可防止烟火扩散。

▲“哥德堡”级“加夫勒”号驶出隧道

▲建造中的“哥德堡”级导弹艇

▲停靠在岸的瑞典“哥德堡”级导弹艇

俄罗斯“闪电”级导弹快艇

俄罗斯“闪电”级导弹快艇的艇长56.9米、艇宽13米、吃水2.65米；满载排水量550吨；动力装置为2台燃气轮机，采用双驱动轴；艇员编制为44人。

▲“闪电”级导弹艇是俄罗斯久负盛名的“毒蜘蛛”级导弹艇的出口型

“闪电”级导弹艇可在8级海情下正常巡航，艇上的武器系统在5级海情下可正常使用。该艇对气候的适应能力很强。在热带气候下，“闪电”级快艇在正常装载量及良好海情时的艇速可达35节；在标准气候条件下，最高航速可达38节。经济航速时的续航力为2700千米，12~13节航速下的续航力为3800千米。

艇上还配备了5艘充气式艇，每艇可载10人。艇上装备了4枚“天王星”超声速反舰导弹，12枚便携式“针”式防空导弹，艇艏甲板备了1门76.2毫米的AK-176舰炮。此外，“闪电”快艇具备三防能力，并装备专门的设备以对付感应水雷。

这种导弹艇是“毒蜘蛛”级导弹艇的出口型，技术上海处于上个世纪末的水平，属于一种卖给三流小国的便宜货。

俄罗斯“闪电”级导弹快艇

以色列"萨尔 5"级导弹艇

"萨尔 5"级是美国以军援方式向以色列提供的隐身护卫舰，由美国英格尔斯公司建造，数量为 3 艘，1996 年底至 1997 年初，这批军舰交付以色列海军。尽管其满载排水量仅 1227 吨，长 85.4 米，宽 11.9 米，吃水 3.2 米，最大航速 34 节，但续航力达到 3500 海里，自持力 24 天，是一种能担负保护海上交通线、反水面舰艇、反潜、防空和巡逻任务的多功能水面舰艇。

该型护卫舰采用钢船体，水线面面积系统很大，舰艏部分略带舷弧，这使该舰具有很好的适航性能，减小了舰的摇摆幅度。为提高隐身性，在动力舱区使用了低噪声机械、隔音基座、减震支座和隔音涂层，在舭龙骨和螺旋桨叶片处采用了气幕降噪系统。

▶以色列海军「萨尔 5」级导弹艇

"萨尔 5"级护卫舰装有 2 座四联装"鱼叉"反舰导弹发射架，导弹射程 130 千米。2 套巴拉克防空导弹垂直发射系统保证军舰能够抵挡饱和空袭，导弹采用雷达制导和触发引信，速度 2 马赫数，射程 10 千米，全重 98 千克，战斗部重 22 千克，该导弹被以色列人称为"攻不破的防线"。2 座 5 管 25 毫米海火神近程防空机关炮系统，位于舰艏和舰艉，发射率 500~600 发／分。2 座三联装 324 毫米 MK32 鱼雷发射管，可发射 MK46 型主／被动寻的反潜鱼雷，鱼雷航速 40 节，射程可达 11 千米，航行深度 600 米。为对付低飞导弹和其他空中目标，舰上还安装有 4 座 72 管箔条诱饵发射装置和红外欺骗装置，2 座 24 管烟幕发射装置。另外，舰上可搭载 2 架直升机，并设有机库。

▶MK 系鱼雷发射情景

武器装备

Part 2

在水中毁伤目标的武器，泛指鱼雷、水雷、深水炸弹等，可用于破坏水面或水下舰船、码头设施、水坝和堤防，封锁港口、航道等，是进行反潜战的主要兵器。

舰炮

舰炮是以水面舰艇为载体的传统海军武器，曾经是海军舰艇主要的攻击武器。现代舰艇的中小口径舰炮，反应快速、发射率高，与导弹武器配合可实行对空防御、对水面舰艇作战、拦截掠海导弹和对岸火力支援等多种任务。

美国 MK-45 型 127 毫米舰炮

▲工作人员装载 MK-45 型 127 毫米舰炮

20 世纪 50 年代，以导弹为标志的世界舰载武器装备呈现出新的发展趋势。导弹由于攻击威力大、命中精度高、作战距离远而倍受青睐。相比之下，舰炮在对付空中高速目标以及远距离作战方面暴露出诸多不足而遭到冷落，甚至有些水面舰艇在改装时拆掉舰炮，换上了导弹。

在这样的背景下，美国 FMC 公司北方军械部于 1964 年在 MK-42 型 127 毫米舰炮的基础上开始改进研制 127 毫米 MK-45 型舰炮。当时，研制该型舰炮的出发点是扬长避短。虽然舰炮在射程、速度、命中精度等方面已明显不及于导弹，但是较大口径的舰炮在两栖登陆战中，是较有效的对岸火力支援武器，它具有长时间连续射击、投弹量大等优点，能有力地炮轰岸防的固定目标。因此，考虑到 MK-42 型舰炮存在有笨重、自动化程度低、可靠性不高等缺点，不能满足新的作战需求。在设计 MK-45 型时，重点是减轻重量、提高可靠性、易于维修、减少操作人员。研制成功的 MK-45 型舰炮重量仅有 22.5 吨，操作人员减少到 6 人，机械结构也有所简化，提高了可靠性，更便于维修。但发射率则降低到 20 发 / 分。

▲除去外壳的 MK-45 型 127 毫米舰炮

如今，MK-45 型 127 毫米舰炮已成为美国海军大、中型水面舰艇上的标准装备。在近 40 年的服役期间，MK-45 型 127 毫米舰炮经历了多次技术改进，发展了 Mod0、Mod1、Mod2 型和 Mod4 型等多种型号。近两年才装备的 Mod4 型在舰炮结构上作了重大改进，其综合性能有明显提高。同时，新型弹药及应用技术层出不穷，这使 MK-45 舰炮如虎添翼，作战性能有了极大提高。正在开发的新型弹药有：低成本竞争型弹药、Best Buy 弹药、Scramshell 高性能炮弹、增程制导炮弹、MK-172 新型子母炮弹及其高能发射装药。应用技术有：新型高能材料、末段寻的器技术、信号处理与计算机技术等。

MK-45 型舰炮装置分为炮甲板以上的上部结构和炮甲板以下的下部结构。

上部结构有炮管、滑板构件、炮架、炮台、上部蓄压系统、炮塔及射击孔护板。

下部结构包括两部下扬弹机、弹鼓、引信测合机、上扬弹机及下部蓄压系统等部分组成。它们完成将弹药从弹药库输送至炮塔内供弹位置的全过程。与 MK-42 型舰炮相比，MK-45 型舰炮的机械结构大大简化，它只有一个装填弹鼓，可贮存 20 发炮弹。

MK-45 Mod4 型舰炮在结构上的改进包括：炮管长度从原来的 54 倍加长到 62 倍，其基座环和炮耳支架由更坚固的材料制造，重新设计滑动组件中的多个部件等。由于新的性能要求和发射 ERGM 增加了火炮自身的负载，因此，还改进了制退 / 复进系统、炮箱、弹壳托盘和抛壳机构，结果导致炮重比 MK-45-2 型增加约 10%。为减小雷达反射截面积，炮塔进行了隐身设计，整个炮塔外形棱角分明，隐身性能有较大改善。

在提高自动化方面，MK-45 Mod4 型舰炮进行了以下改进：对炮座装填弹鼓中的所有类型弹药（包括常规弹药、发射药、引信、ERGM）的装卸、上炮及发射全部实现自动化；为获得所需的射程、弹道和毁伤效果，能自行确定、选择、装定弹种、发射药及引信；能通过内部数字接口及电话与舰上其他对岸火力支援作战部门和其他系统进行通信、接收和显示从传感器和火控系统传来的目标数据。

装备了 MK-45 型 127 毫米舰炮的美国海军“阿利·伯克”级导弹驱逐舰

法国“紧凑”型100毫米舰炮

“紧凑”型100毫米舰炮是由法国克索洛瓦公司在68型100毫米舰炮的基础上改进研制的新一代全封闭式中口径舰炮。改进研制的设想于1978年提出，其主要目的是提高100毫米火炮的快速性、精度、发射率和可靠性。改进的主要设计思想是：保留68型100毫米炮的内弹道性能不变，对自动机和随动系统进行部分改进，并配以新型的先进的补、供弹系统，使之能够快速更换弹种。

▼法国“紧凑”型100毫米舰炮

从1983年开始，该炮在法国海军武器弹道研究所进行了包括定型试验在内的一系列试验，试验一直持续到1984年年底。试验结果表明：“紧凑”型100毫米炮比68型100毫米炮发射率提高了约50%，最大射速达90发/分，是世界上100毫米口径舰炮中发射率最高的；并且分高、中、低三档可调；炮塔重量降低了35%，使全炮重量仅为17.5吨，是世界上100毫米口径舰炮中最轻的；高低和方向瞄准速度提高了25%～32%，最大分别达到33度/秒和50度/秒，大炮精度提高了39%。

该炮自设计定型以来，已先后出口到沙特阿拉伯、马来西亚等几个国家的海军。法国海军尚未用“紧凑”型换装原68型，但借用“紧凑”型的改进经验和技术，对已装舰的68型舰炮进行了部分改装工作。1990年，在法国举行的海军展览会上，克索洛瓦公司在“紧凑”型100毫米舰炮上又进行了部分改进提高工作，推出了“紧凑”MK–2型100毫米舰炮，将火炮从“总体启动”到“首先开火”的时间由“紧凑”型的14秒缩短到10秒，射击精度由06毫弧度提高到05毫弧度，高低瞄准速度和瞄准加速度指标也有所提高。

“紧凑”型100毫米舰炮为全自动高平两用火炮，可用来对空中、海上和岸上目标射击。该炮主要由发射系统、补弹系统、扬弹机、炮塔供弹系统、炮架和俯仰部分、瞄准随动系统、引信测合系统、弹药自动控制系统和弹药部分组成。分别安装在舱面和舰上的技术舱、弹药舱、动力舱和作战中心等舱室里。

发射系统由炮身、清除（冷却）装置、水气供应系统、炮栓、输弹装置和拨弹机组成。其功能是用来自动发射炮弹，赋予弹丸一定的初速、转速和射向。该炮的身管采用了自紧技术，在身管冷却方法上，除采用通常的身管外循

▼ “紧凑”型 100 毫米舰炮结构示意图

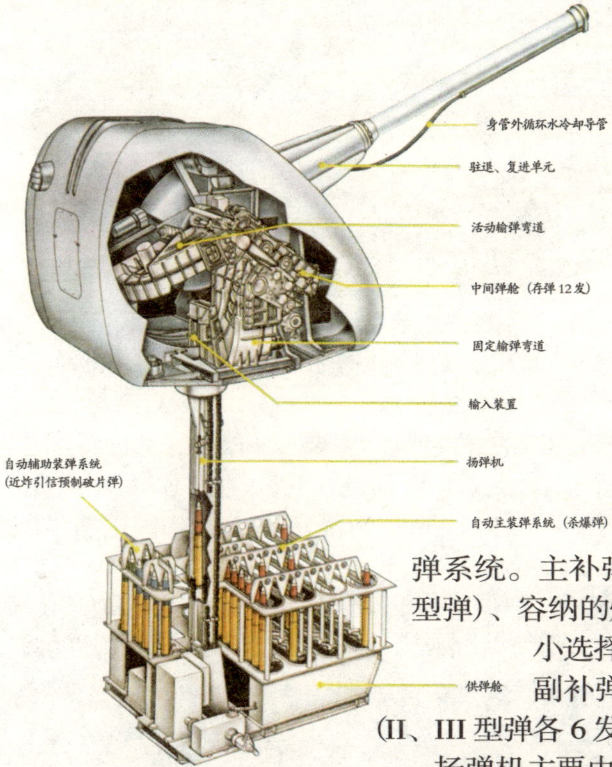

环水冷却外，还有一套膛内喷水、吹气装置，当每发射一发炮弹后，都向膛内吹入高压空气，消除火药气体残渣，同时向膛内喷入雾化冷却水，使身管的内膛也受到冷却。由于采取这些措施，使身管寿命达到 3000 发，这在同口径舰炮中是较高的。

补弹系统由主补弹链、副补弹链、旋转拨弹鼓和动力传动链组成。其功能是用来贮存炮弹，射击时适时送给扬弹机选定的弹种，退弹时将扬弹机的炮弹退回到补弹系统。主补弹链主要用来贮存主用弹（I 型弹）、容纳的炮弹数可根据舰艇弹药库的大小选择 42 发型、66 发型和 90 发型，副补弹链主要用来贮存 12 发特种弹（II、III 型弹各 6 发）。

扬弹机主要由主扬弹机、副扬弹机和弹库控制机组组成，主扬弹机在上，副扬弹机在下，二者都位于火炮的方向旋回轴线上。扬弹机的功能是扬弹时把炮弹从补弹系统扬至炮塔内，退弹时则把炮弹从炮塔退至补弹系统内。

炮塔供弹系统装在火炮右侧，由固定弯道、中间弹舱、活动弯道、动力源及炮塔控制机组组成。其功能是把炮塔内垂直放置的炮弹传送到活动弯道末端且使炮弹的轴线与炮身轴线平行，在射击期间能迅速由中间弹舱更换弹种，退弹时将活动弯道末端的炮弹退至扬弹机。由补弹系统、扬弹机和炮塔供弹系统组成了完整的补、供弹系统，该系统在弹药的控制和管理上，采用了先进的计算机自动控制系统，在功能上具有三个特点，可实现三种炮弹之间的自动更换，并能自动装、补弹和反向自动退弹，可按发射率的要求而自动调节供弹率。

炮架和俯仰部分主要由基座、旋回架、摇架、瞄准机、反后坐装置和人工后坐油缸组成。该炮大量采用了铝合金材料和高强度玻璃钢材料，大大减轻了火炮重量。为了克服俯仰部分的不平衡力矩，采用了弹簧平衡机，消除了后坐部分运动的影响，对由于舰艇摇摆而产生的摇摆力矩，则靠高低随动系统的抗过载性能克服。

瞄准随动系统由两个瞄准箱（方向、高低各一个）、两个电抠控制箱、一台变流机组、一个遥控柜、一个瞄准维修箱、一个炮塔显示箱和两台执行电机等组成。瞄准随动系统的功能是接收指挥仪发送的高低和方向瞄准指令信息，控制火炮完成高低和方向瞄准；维修时选择维修状态的瞄准信号，控制火炮并显示。

▲装载在护卫舰上的『紧凑型』100毫米舰炮

弹药自动控制系统由弹药控制箱、装弹手控制箱、人工弹药控制箱和舰炮主控箱等组成。其功能是在舰炮射击时，根据需要任意选择和更换三种不同型号的炮弹，选择射速和连射发数，并且使补弹和供弹系统上各型炮弹均能适时、准确地提供给舰炮，根据射击指令的要求，自动检查、判断可供使用的弹型和数量，并使信息不断更新，以适应新的指令要求。

“紧凑”型舰炮使用的弹药为定装式炮弹，主要由药筒、弹丸、引信和传火管组成。弹丸有战斗弹（杀伤爆破弹、预制破片弹）、实心弹（爆破实心弹、半爆破实心弹、实心假引信实习弹）、照明弹等多种类型，引信有61型计时碰炸引信、F1型、F1A型和F3型近炸引信。

100毫米“紧凑”型舰炮是80年代中期服役的新型中口径舰炮，它以重量轻、射速高、全自动操作、精度高、可靠性好等特点为标志，体现了当今舰炮技术的发展水平。

中国052C型防空导弹驱逐舰170号就装备了法国“紧凑”型100毫米舰炮

俄罗斯 AK-130 双管全自动舰炮

AK-130 型舰炮是苏联在 20 世纪 80 年代研制的主力舰炮，我国随“现代”级一同引进。这是一门 130 毫米口径的双管全自动舰炮，能够执行反舰、防空、对岸火力支援等多种任务。这型舰炮配备了炮瞄雷达、红外和光学火控系统，即使在强烈干扰或舰队、电子系统战损的情况下，仍可用炮塔右上方的光电瞄准装置进行半自动自主控制，以保持战斗力，具有极高的射击精度和很高的可靠性、生命力。

尤其值得一提的是，它的射速高达每分钟 70 发，在对岸打击时可以提供持续的猛烈火力支持，相比之下，同口径的地面火炮持续射速不过每分钟 2~3 发。在执行对岸火力支援任务时，1 门这样的舰炮便可抵得上 1 个炮兵营的地面火炮。

该炮初速 875 米 / 秒，射速 20~35 发 / 分，最大射程 30000 米，最大射高 20000 米，全重 90000 千克，是当今世界舰炮中脱颖而出的佼佼者，威猛异常，其威力称得上是“武林至尊”。当然，作为苏式武器，AK-130 型 130 毫米舰炮也具有俄罗斯武器共有的弱点：体积庞大，隐形效果差；采用钢铁铸成的炮底使其重量极大，因此只能装备在大型军舰上。

▼俄罗斯 AK-130 双管全自动舰炮堪称“武林至尊”

英国 MK-8 型单管 114 毫米舰炮

二战以后，英国皇家海军将 114 毫米舰炮选定为驱逐舰、护卫舰等水面舰艇主炮的标准口径。20 世纪 60 年代中期，英国海军提出了应发展一种结构紧凑、自动化程度高的中口径舰炮武器。经过论证，英国维克斯军械部巴罗工程机造厂提出了在早期 MK-6 型 114 毫米舰炮的基础上，借鉴 105 毫米自行火炮的一些技术，设计研制新型 MK-8 型 114 毫米舰炮。1966 年英国维克斯造船工程有限公司正式承接了 MK-8 型 114 毫米舰炮的发展设计合同，1968 年完成样机研制，1970 年投入使用。目前，MK-8 型舰炮已在包括英国海军在内的 6 个国家海军中使用。

▲英国 MK-8 型单管 114 毫米舰炮

MK-8 型舰炮的主要任务为：在对海射区内，对付敌方各级水面舰艇及辅助船只；在有效射区内，对敌岸（或岛礁）上软、硬目标或集群目标进行攻击；MK-8 型舰炮的发射率不高，只有 25 发 / 分，不太适于作为有效的防空武器，但是，在 1982 年英阿马岛海战中，该型舰炮不但在远距离投掷箔条，发挥了相当出色的作用，而且对空作战也表现不错，据英国司令部的白皮书记载，由 MK-8 型 114 毫米舰炮击落的阿根廷飞机总数为 7 架。

▼压满积雪的 MK-8 型单管 114 毫米舰炮

发射系统炮管设计借鉴了英国陆军“艾博特”105 毫米榴弹炮管结构，采用单筒式，管长从 MK-6 型舰炮的 50 倍口径长加长到 55 倍口径。为了减轻炮管重量，拆掉了水冷却装置。但英国海军要求，MK-8 型舰炮持续发射时间最长需达到 7.5 分，因此，炮管工艺制造是按照强度特殊要求专门设计的，确保了它能持续发射而不需水冷处理。炮管头部装有炮口制退器，用以减少火炮发射产生的后坐力，炮管中部有一个抽气装置，随时清除火炮射击中的残留气体和残渣。炮栓为上开的立式楔形栓。供弹系统由装弹机、转弹环、扬弹机、摆弹臂、输弹器和液压驱动组件组成。

舰炮控制系统由炮长操作控制台和应急控制箱组成。炮长操作控制台位于舱内，炮长可通过控制台面板上的各种选择开关和显示灯，进行弹种选择、单／连发选择，监视火炮当前状态、油路油泵和电机等部件有无故障情况，还能对可控硅元件过热、炮身后座过长、进入危险射界和误差角过大等不正常现象显示出来。应急控制箱面板位于炮塔内，当操作控制台受损不能正常工作时，炮长可操作该面板上的旋钮和开关，完成火炮自动启动、装弹控制、射击控制等功能。

▲装载在舰的英国 MK-8 型单管 114 毫米舰炮

弹药 MK-8 型舰炮配用的弹种有：高爆杀伤榴弹、照明弹、I 或 J 波段箔条弹、对空训练弹和对海训练弹；配用引信有：N7（机械时间）引信和 5197（弹头碰撞延时、低和高灵敏近炸）复合引信。

MK-8 型 114 毫米舰炮虽然发展于 20 世纪 60 年代中期，但至今仍在服役，并继续装备舰队（尤指英国）。它的主要特点是：采用可控硅静态遥控动力控制系统。该系统中的电子部件不需要预热，在起动程序被激活后的 15 秒内，确保火炮能够实施开火；并为火炮旋回和俯仰提供大电流驱动力。为保证弹药在输送过程中安全可靠，供弹系统中装有 1 个逻辑电路予以控制；其他主要的操作控制也都装有故障安全开关，以保护火炮各主要部件免遭损坏。另外，MK-8 型舰炮适配性好，它既能与舰载模拟火控系统相匹配，又能与数字式火控系统相连接。在 1991 年的英国皇家海军装备展览会上，VSEL 公司推出了 N114-2000 新型舰炮，它是 MK-8 型的改进型。它的自动装填机重新设计，电力驱动取代了 MK-8 型舰炮的液压驱动；新型的高容量／增程炮弹，射程可提高到 27.5 千米；它于 2000 年以后逐步取代了 MK-8 型，成为 21 世纪英海军驱逐舰、护卫舰等主要水面舰艇的主炮。

意大利 OTO 76 毫米快速型舰炮

20 世纪 70 年代，由于反舰导弹对水面舰艇的威胁日趋严重，世界各国中、小口径舰炮的发展重点渐渐转向加强防空反导能力上，仅仅几年时间就有五六种以多管小口径舰炮作为拦截武器的近程反导武器系统相继问世。在这样的系统中，小口径舰炮体现出射速高、火力猛、贮弹量大、反应快等特点，被普遍认为是一种较为有效的末端反导防御武器。同时，世界各国中口径舰炮的发展在保持它的多用途性、适装性好的前提下，力图加强它的防空作战能力。

意大利奥托·梅莱拉公司于 20 世纪 80 年代初开始改进它的 76 毫米紧凑型舰炮，改进重点是提高发射率和精度，要求发射率达到 120 发 / 分，故称为快速型舰炮。在 1984 年莫斯塔尔海军展览会上，首次展出了该型舰炮样机。从 1985 年开始，快速型舰炮进行了陆上试验，1988 年 4 月在意大利“勇敢”号导弹驱逐舰上首次进行了海上试验。截至目前，奥托·梅莱拉公司已陆续接收了 40 多套系统的订购合同，有些已交货并装舰使用。它们有：加拿大海军 4 艘“易洛魁人”级导弹驱逐舰，意大利海军 2 艘“潘尼”级导弹驱逐舰，丹麦海军 4 艘“西提斯”级护卫舰和“飞鱼”级大型导弹巡逻艇等。

OTO76 毫米快速型舰炮既可装备于巡洋舰、驱逐舰等大中型水面舰艇，又适于装备巡逻艇、水翼艇等小型舰艇，并能广泛与各级舰艇上的武器控制系统接口。例如，装备在意大利“潘尼”级新型驱逐舰上的 76 毫米快速型舰炮与该舰上的“达多”–E 火控系统相接，实施对空防御任务。在丹麦“西提斯”级新型护卫舰上，76 毫米舰炮与 9LV200MK3 光电指挥仪相接，在该指挥仪的控制下完成作战任务。

▼意大利 OTO76 毫米快速型舰炮

该炮主要性能数据如下：口径 76 毫米，管长 62 倍口径，初速 925 米 / 秒，旋回范围无限，俯仰范围 –15~+85 度，水平速度 60 度 / 秒，高低速度 35 度 / 秒，炮重（满载）8000 千克，射程（对海）16 千米，发射率 120 发 / 分。

炮管前端装有炮口制动器，炮管上还装有炮膛清洁器和冷却水套，炮管冷却方式为敞开式。炮塔采用玻璃纤维材料，对风浪、核污染均有很强的防御能力，在炮塔后部设有大检修用的舱口。俯仰机构包括有反后坐装置，它通过 2 个驻退机和 1 个复进机与摇架相接。盘式输弹机包括输弹器和抛壳筒，通过 1 个滑块联动装置与反后坐装置相联。鼓形旋转进弹机由液压传动装置予以控制，它接收摆弹臂送来的炮弹，并将它们送至进弹机。供弹、扬弹系统和旋转弹鼓位于主甲板下面，由液压电机控制。弹鼓内，炮弹呈直立摆放于四周。供弹时，炮弹随着弹鼓的旋转，逐个地移向位于炮左侧的螺旋扬弹机。炮弹经扬弹机被提升到炮塔平台上，2 个交替摆动的摆弹臂轮流将炮弹送入进弹机，进弹机相当于中转站，它迅速把炮弹送至输弹器内，此时炮弹即刻处于待发状态。

OTO76 毫米快速型舰炮使用的弹药大多数均为 20 世纪 80 年代以后研制的新型弹药，它们有 MOM 型近炸引信预制破片弹、半穿甲增程弹（SAPOMER）和制导炮弹（CCS）。MOM 型预制破片弹用于对付空中快速飞行（包括掠海飞行）目标。该型弹弹体外壳由特种高质量钢材制成，弹体内侧壁布满 3000 个 0.5 克的立方体钨块，内腔装满 A3 高能炸药。为了提高破片飞散密度，弹体内腔设计成底窝状，使弹尾侧飞的破片数增多，破片飞散更为集中，从而提高了飞散密度。

在对付舰船、岸上目标时，快速型舰炮可以使用半穿甲增程弹（SAPOMER），该型弹是在半穿甲弹（SAPOM）的基础上发展起来的，它保持了 SAPOM 弹穿透力强、毁伤效果好的优点，并采取改进弹体形状来提高射程。

OTO76 毫米是目前世界上较为先进的中口径舰炮。它主要用于对付未来速度更快的空中飞行目标，尤指未来超声速反舰导弹。最突出的特点是发射率高，可达 120 发／分。为了能获得如此高的发射率，奥托·梅莱拉公司对火炮鼓形进弹机、输弹器、抛壳机构等部件进行了重新设计，目的是缩短这些部件的动作行程，以确保更高的发射率。

意大利“潘尼”级导弹驱逐舰上装有 OTO76 毫米舰炮

美国“密集阵”近程武器系统

美国“密集阵”系统是一种较成功且广泛装舰使用的近程武器系统。早在20世纪60年代中期，美国海军作战部就曾提出需要一种能够对付突破“海麻雀”点防导弹系统的“漏网”反舰导弹和飞机的舰炮武器系统。1969年，美国海军与美国通用动力公司波莫纳分公司正式签定合同，该合同委托波莫纳分公司研究上述系统的可行性。当时，合同要求的时间比较紧迫，几年后“密集阵”初型MK15-0型样机就研制成功，并于1973年装备于美海军“金”级导弹驱逐舰。但由于当时美国国会一些人对这种武器系统能否有效摧毁来袭的反舰导弹有所怀疑，致使计划进程延缓，直到1979年才开始投产并于第二年春正式装备美海军舰队。首批“密集阵”系统最先装备于“企业”号和“美国”号航母上，随后陆续装备美海军各级水面舰艇，并出口澳大利亚、巴西、加拿大、希腊、以色列、日本等国家。

▶『密集阵』近程武器系统

“密集阵”系统从样机诞生到正式装备舰队，历时7年之久。在此期间，该系统一直是一边试验一边不断改进，并没有因稍有成果就盲目投产，因此，系统的研制没有走大的弯路。1977年8月经美海军作战部部长批准，“密集阵”系统才正式批量生产，截止到1986年，一直保持着以平均5套/月的生产速度。

“密集阵”系统主要以近距离防空为主，它协同中、远程防空系统，实现对空中目标的纵深防御。另外，该系统还可在常规的光学目标指示器的控制下，应付小型水面目标。

“密集阵”系统首次使用了电子闭环校正系统。在该系统中，搜索和跟踪天线用于跟踪来袭目标，同时还跟踪射出的炮弹，以便测量每次点射和目标之间的角误差进行不断校正，直到逼近的目标被命中为止。这种闭环校正系统能够有效克服常规火控系统中难以根治的某些静态和动态误差，使这些误差减小到最低限度。据介绍，试验表明采用闭环校正可以将射击误差从5~10毫弧降低到1~2毫弧度。

“密集阵”系统上配备有M61A1型火炮组件，该组件主要包括M6141型自动机和驱动部件、螺旋式供弹鼓等，它是在美国空军一种老式航炮的基础上改进设计而成的。它自动化程度高，工作十分可靠，平均故障间隔发数为10000发。它采用6管旋转结构，供弹鼓位于炮管组下方，弹鼓既是贮弹箱（可贮存1000发炮弹），又是供、排弹系统；弹鼓的出弹口与M61A1自动机的进弹口相对接。启动射击时，在外部液压马达的驱动下，弹鼓随着炮管同步转动，完成向火炮输弹和排弹壳的功能。

▶工作『密集阵』检修

“密集阵”的炮座支撑组件主要包括旋回平台、摇架、托板、两侧支架等，两侧支架置于旋回平台上通过摇架、托板支撑着转管炮和雷达随动系统装置。这些大件都采用铝合金镶嵌钢件结构，并组合装配一起，既保证了足够的强度又减轻了重量。

MK149型次口径脱壳（APDS）炮弹是“密集阵”系统使用的反导专用炮弹。它由弹心（也称穿透器）、弹罩（也称软壳）、推板（也称底托）等部件组成。弹心装在弹罩内，其后部有一个带导引弹带的推板，通过一个销钉将弹罩插入推板的螺纹结合部位，防止二者分离。当炮弹离开炮口时，借助于炮口气流的作用，推板离开弹心，使弹心高速飞行。

“密集阵”舰炮随动系统采用了数字式可控硅技术，以及位置闭环、速度闭环等独特方法，具有跟踪精度高、反应速度快、良好的稳定性等特点。它的驱动控制采用了快速大功率可控硅集成块组成的双驱动电路，具有体积小、功率大、功耗小、线路简单且可靠等特点；它的执行部件采用了2个6000转/分的高速小惯量直流电机，总驱动功率达6.2千瓦。这种双电机驱动可以减小传动空回量，改善系统的快速性。

“密集阵”系统是世界上诞生较早的CIWS。它的第一代（MK15-0型）一问世，就以独特的设计风格、较为先进的技术性能而引起了许多国家海军对它的兴趣。当时，它的产量和出口量均属世界首位，甚至现在也是如此。面对这一切，“密集阵”系统的研制生产商们没有就此满足。相反，在进入20世纪80年代以后，世界反舰导弹的战术技术性能有了很大提高，其速度快、隐身性好、制导手段新颖、破坏威力大，因而突防能力明显加强。为使“密集阵”系统能够适应反舰导弹的这些发展，同时克服“密集阵”系统在使用中暴露出来的问题，美国通用动力公司还在此后多次改进“密集阵”系统。

◀高速射击中的『密集阵』

新概念远程火炮系统

目前，世界先进国家的军队已进入一个被称作“军队新革命”的时代，它以科学技术新成就为基础，不断创造出原理上具有创新概念的武器系统。近年来，美国、英国、德国、法国、意大利等国家综合采用各种先进技术，改进原有的武器和弹药，创新出射程超过 100 千米的新概念火炮系统，如美国海军的 MK–45 Mod4 式 127 毫米 /62 倍口径的火炮系统和 155 毫米 /52 倍口径的先进火炮系统，以及英国、法国陆军的 155 毫米火炮系统等，使常规火炮系统的作用再度引人注目。

超远程火炮系统是指以大中口径常规火炮发射增程制导弹药，并采用各种增程手段，使射程达到 100 千米以上的火炮系统。该类火炮系统发射的炮弹称为超远程炮弹。其主要特点是：综合采用各种增程技术，使火炮系统射程超过 100 千米；采用全球定位系统 / 惯性导航系统（GPS/INS）制导技术，圆概率误差精度达到 30 米以下；采用模块式战斗部技术，携带不同的有效载荷，以完成不同的作战任务。这类火炮系统大大提高了海上炮火支援和野战炮兵常规火炮系统的纵深打击能力，是火炮界一次“革命”性的发展。其中弹药技术的发展起到了举足轻重的作用。

在超远程火炮系统的改进研究方面，美国一直处于领先地位，火炮技术的改进尤以美国 MK–45 Mod4 式 127 毫米舰炮为典型。1996 年 2 月，美国海军在“从海上开始作战机动”的方针指导下，与联合防御系统公司签订了将 MK–45 改进成 MK–45 Mod4 型火炮的设计与研制合同，要求该改进型舰炮既可发射增程制导弹药（ERGM），也可发射现有 127 毫米常规弹药，这种改进型舰炮于 1999 年 4 月进入小批量生产，2000 年年底，第一门改进型火炮装备美国海军的 DDG81 驱逐舰。改进后的舰炮系统射程达到 116.5 千米，圆概率误差精度提高到 10 ~ 20 米，极大地提高了海军对岸火力支援能力。目前，韩国、智利、日本、澳大利亚、希腊、泰国、土耳其等国家是采用这种改进型舰炮的潜在客户。

▼MK–45 Mod4 式 127 毫米舰炮发射瞬间

意大利127毫米轻型舰炮由奥托·梅莱拉公司研制，于2000年1月完成了陆上发射试验，将取代现装备使用的127毫米紧凑型火炮，用于水面作战、水面火力支援和防空。其中的主要改进包括：质量减小（22吨），射速提高（35发/分），可安装到小型护卫舰和各种舰艇上；采用具有2个径向装填臂的自动装填系统和同轴后坐系统技术；炮塔外形具有隐身特性，且便于安装；发射定装式弹药，只需要一部输弹机。该火炮射击时可重新装弹，作战反应时间约5秒。当发射新型弹药时，射程将达到70～100千米。意大利还将采用60～65倍口径的身管改进这种轻型火炮，发射新型弹药的射程将达到120千米以上。

▲2000年底，第一门改进型MK-45 Mod4型火炮装备美国海军的DDG81驱逐舰

法国、英国研制155毫米陆基和舰载火炮。法国GIAT公司的研究包括52倍口径的155毫米火炮及弹药、带自动装填系统的炮架和专用火控系统。由英国宇航系统公司、国防评估与研究局、亨廷工程公司、马特拉宇航动力公司和汤姆森·肖恩导弹电子公司组成的低成本制导弹药（LCGM）项目组对155毫米火炮与弹药技术进行了研究。研究的技术内容包括模块式装药系统、复合材料、炮用加固型GPS接收机、鸭式翼控制装置、采用微机电系统技术的惯性测量装置和相关传感器技术、以及适于线膛身管的滑动闭气环等，火炮系统的射程将达到100千米以上，舰炮将达到150千米。

此外，德国、俄罗斯等国家也对这类超远程火炮系统的研究感兴趣，并加入到研究行列中。

在弹药技术方面美国捷足先登。以127毫米ERGM炮弹为例，主要采用了如下3种技术：

（1）增程技术。该弹的弹体中部有双倾斜喷管和滑动密封环，密封环与火炮膛线相啮合，以防止气体泄露，降低弹丸出炮口时的旋转速度，平衡作用在弹上的压力，从而减少弹体壁厚，可装填大量的火箭推进剂；其制导、导航和控制子系统包括GPS/INS组件和控制致动器，头部的电发生器为制导系统提供电能，并提供一种对抗弹头上气动扭转力矩的电－机反应扭转力矩，以控制弹头定位，通过控制整个弹体来改变弹道最高点（24384~25908米）后的飞行轨道，使弹丸昂首飞行，并沿一个小的倾斜角滑翔，从而提高射程。同时，该子系统将弹丸导向目标，并使弹丸在目标上方250～400米处释放子弹药；该弹药由18MJ炮口动能的火炮以一个最佳仰角发射后，在弹道上升段的一个最佳点上点燃火箭发动机，燃烧约10秒钟，提供10MJ的附加能量，进一步提高了弹丸的射程。

(2) 模块式有效载荷技术。美国海军陆战队根据海上火力支援任务的不同，研究了不同的战斗部，其基型采用72枚M80式双用途改进型常规子弹药，用于反人员和反器材，每枚子弹药可穿透70毫米厚的装甲。如果子弹药分散在直径为100米的范围内，那么，它可杀伤“软”目标。在其预筹产品改进项目中，将采用灵巧子弹药（如BAT和SADARM）、对付舰船和岸基硬目标用单一战斗部以及非致命战斗部和反舰战斗部等。

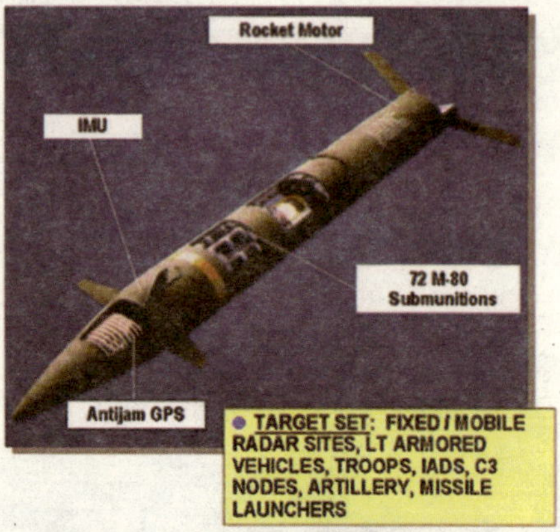

▲雷声公司试射ERGM增程制导弹药结构图

▲雷声公司的增程制导弹药ERGM

The ERGM underwent extensive ballistic testing in June 1999 at the Yuma Proving Grounds

▲雷声公司试射ERGM增程制导弹药

(3) GPS/INS制导控制技术。ERGM的制导导航装置是GPS/INS组件，弹载GPS接收机在弹丸出炮口后6秒内即可捕捉到GPS信号，并能在42分贝信噪比的环境中，利用GPS卫星进行稳定测量，以确定增程制导弹药的位置和速度，INS可将弹体的角速率和加速度“通知”GPS接收机，以协助其完成这一过程，控制炮弹飞向目标。

英国LCGM项目组对可满足陆基和舰载火炮需求的LCGM进行了为期一年的研究。该研究的目的是在155毫米/52倍口径的线膛火炮系统下，以945米/秒的最大速度发射长1620毫米、质量45千克的弹丸，为陆军和海军用户提供一种远程多用途攻击能力。

法国也不甘落后，法国地面武器工业集团目前正在进行一种“鹈鹕”155毫米弹道修正子母炮弹的概念研究，用于打击内陆高价值点目标，该弹计划于2015年开始服役。

“鹈鹕”是一种在研的远程弹药系统，质量54千克，长1.35米，弹体直径为141毫米，最大射程达85千米，圆公算偏差精度可为15米。使用155毫米火炮发射时，可安装弹托，炮弹飞离发射平台后，弹托脱离。此外，法国地面武器工业集团公司还在研制一种改进型精确野战火炮系统（SAMPRASS），目前也处在概念研制阶段。SAMPRASS采用全球定位系统（GPS），与头部安装的空气制动器和扰流器相结合，以提高弹丸的精度。同时，该系统还将利用炮口初速雷达来进一步提高打击目标的精度。该弹计划于2008～2010年开始在陆军服役。

意大利意识到一些北约国家海军对美国的ERGM感兴趣时，也加紧其新型127毫米舰炮增程弹药的研制工作，这些弹药均采用次口径尾翼稳定和定装式结构。

▼装备MK-45 Mod4型火炮的舰船

次口径尾翼稳定炮弹 该炮弹可配用多种战斗部：杀伤爆破战斗部、穿甲战斗部和子弹药，最初的射程目标是70～100千米，火炮改进后，射程将达到120千米。该新型弹药将完全适用于127/54倍口径轻型火炮，且对装载系统略做改进后，也可用于127毫米"紧凑"型舰炮。目前已经完成概念研究，正在讨论如何和何时进行可行性预研，预计不久即将开始。为了满足对高精度的要求，奥托·梅莱拉公司还研制一种采用GPS/IMU制导的定装式弹药，用于执行超远程精确对岸攻击任务，该弹药将采用鸭式翼和电子飞行控制系统，还考虑采用红外成像或其他类型末制导导引头，用于反舰任务。尽管这种次口径定装式弹药的有效载荷比ERGM少，但意大利127毫米/54倍口径的舰炮比其他火炮（包括MK-45）具有更高的射速，弥补了这一缺陷，且只需要一部输弹机。

▼法国"鹈鹕"155毫米炮弹

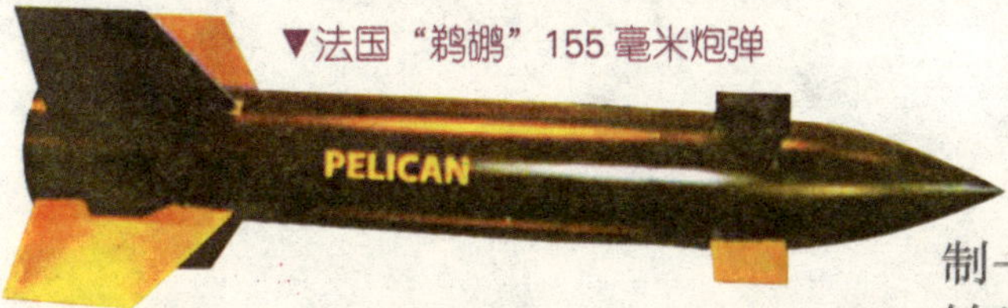

在美国为海军、英国为陆军研制超远程弹药的带动下，目前，德国莱茵金属有限公司W&M分公司也在研制一种155毫米旋转稳定并可转为尾翼稳定控制的底部排气制导炮弹。该研究由德国BWB采购局进行部分投资，以满足德国陆军未来作战的要求。该GPS制导弹药由现有的155毫米火炮发射时，射程为75～80千米，当利用改进型火炮系统发射时，初速为1030～1220米/秒，射程达到100千米以上。

导弹

导弹是“导向性飞弹”的简称，是一种可以指定攻击目标，甚或追踪目标动向的飞行武器。导弹自第二次世界大战问世以来，备受各国重视，得到迅猛发展。导弹的使用，使战争的突然性和破坏性增大，规模和范围逐渐扩大，进程自然也就加快，从而改变了过去常规战争的时空观念，给现代战争的战略战术带来巨大而深远的影响。

“冥河”SS-N-2 舰对舰导弹

◀苏联的『黄蜂』级导弹艇曾经出口到很多第三世界国家，它装备4枚SS-N-2反舰导弹

“冥河”SS-N-2 舰对舰导弹是苏联在日本“神风突击队”的启发下研制的一种近程亚声速飞航式反舰导弹，1960年装备，主要装备导弹艇，如“蚊子”级、“黄蜂”级等，适于攻击大中型水面舰船。该导弹最大射程42千米，巡航高度100～300米，巡航速度为0.9倍声速。弹长6.5米，弹径0.76米，翼展2.4米，全弹质量为2500千克。

该型导弹采用中段自动驾驶仪和末段主动雷达寻的复合制导；战斗部为聚能穿甲型。1967年第三次中东战争中，埃及发射6枚“冥河”导弹，击沉以色列“埃拉特”号驱逐舰和一艘商船，揭开了海上导弹战的序幕，此举震动了西方各国，促使法、美等国家加快了其反舰导弹的研制进程。

1967年发生了第三次中东战争。

10月21日傍晚，夕阳西下，在埃及塞得港外的马纳湾海域，碧波荡漾，以色列海军的“埃拉特”号驱逐舰正在执行例行巡逻任务。

17时30分，“埃拉特”号驶抵离塞得港约13海里的海域，被埃及海军雷达发现。埃及的3艘“蚊子”级导弹艇立即出动，在“埃拉特”号航行到距塞得港11海里时，对它发射了2枚“冥河”导弹。

▼“冥河”导弹发射瞬间时的震撼

事出突然，“埃拉特”号的官兵毫无戒备。正在舰上值勤的观测兵，发现塞得港方向闪出一道亮光，紧接着一个拖着尾巴的长条形“怪物”朝着军舰快速飞来。观测兵在惊慌失措之中拉响了警报。舰上值班的炮兵虽然用6门火炮对准了迎面飞来的“怪物”，可是没来得及开炮，那“怪物”便突然拉高，然后径直向“埃拉特”号急速俯冲下来。转眼之间，便听到轰隆一声巨响，第一枚导弹便击中了“埃拉特”号的锅炉舱，顿时浓烟滚滚，火海一片。大约1分钟后，第二枚导弹凌空飞来，击中了“埃拉特”

号的主机舱。驱逐舰受到严重破坏，舰上燃起大火，舰体进水后开始倾斜。

19时30分，埃及导弹艇又向“埃拉特”号发射两枚导弹，其中一枚击中该舰舰艉，另一枚稍后在该舰的救生艇刚刚起动时爆炸。“埃拉特”号缓慢地直立起来，开始下沉。舰长无能为力，只好下令弃舰，水兵纷纷跳海求生。“埃拉特”号不久沉没，舰上以色列官兵202人，死47人，伤91人。

这次4发4中击沉“埃拉特”号的来袭物，是苏制SS-N-2“冥河”反舰导弹，它由水面舰艇发射，是首次用于实战的反舰导弹。

苏联在第二次世界大战后，利用从德国获得的V-1飞航导弹的实物和技术资料进行仿制，首先研制出第一种可供实用的舰对舰导弹，取名为“扫帚”SS-N-1。“扫帚”外形像小飞机，1958年装备驱逐舰，主要用于攻击大型水面舰艇。SS-N-2则是苏联50年代后期研制的近程反舰导弹，主要装备小型导弹快艇。

▲苏联SS-N-2“冥河”反舰导弹

在“埃拉特”号沉没4年后的印巴战争中，“冥河”再次发挥作用。卡拉奇附近的印度反舰导弹部队，在一次海战中连续发射了13枚“冥河”导弹，有12枚命中目标。

“冥河”导弹射程达40千米，有400千克装药。1959年，当苏联在成批建造的P6级鱼雷艇上去掉鱼雷发射管，装上刚刚研制成功的“冥河”导弹时，以美国为首的西方国家的海军，并没有把苏联建造的这种导弹艇放在眼里，他们把苏联建造的世界上第一批导弹艇叫做“蚊子”，认为这种玩意儿是“穷国的武器”，在现代海战中已没有“蚊子”的地位。

“埃拉特”号被击沉，立刻在西方军界引起震动。因为排水量只有70吨的“蚊子”艇，居然不费吹灰之力就吃掉了比它大30多倍的、排水量为2500吨的“大象”号、“埃拉特”号，首开反舰导弹击沉水面舰的纪录。由于“冥河”导弹使用最早、使用次数最多，而且几乎是“百发百中”，所以引起许多国家的关注、重视，其性能的秘密早已被国外所了解和掌握。

随后部署的多种“冥河”导弹的改进型在战斗中毁誉参半。据报道在1971年的印巴战争中，印度海军的导弹艇发射了11~12枚P-15，击沉巴基斯坦一艘驱逐舰、一艘扫雷舰、数艘货船并击伤另一艘驱逐舰。另据报道，此类导弹还成功用于打击巴基斯坦原油设施。1974年1月，越南海军的一艘扫雷舰在西沙群岛附近海域被“冥河”导弹击沉，另一艘护航驱逐舰则被击伤。

据报道，在1973年的阿以战争中，阿拉伯军队的导弹艇发射了50余枚“冥河”导弹才击沉一艘以色列船只，装备“迦伯列”短程反舰导弹的以色列导弹艇以机动、电子对抗和防空炮火躲避、诱骗并击落“冥河”导弹，然后接近阿拉伯的海军舰艇并对其进行导弹和舰炮打击。以色列人声称在这次战斗中击沉了十余艘埃及和叙利亚的舰艇，但经过该海域的几艘中立国民船也声称遭到了打击。

以色列“迦伯列”反舰导弹

1967年以色列海军“埃拉特”号驱逐舰被埃及海军用苏制“冥河”导弹击沉后，即着手研制“迦伯列”MKⅠ型反舰导弹。在1973年中东海战中，以色列使用此导弹先后击沉埃及、叙利亚海军9艘导弹艇。后又研制成MKⅡ型导弹，出口给5个国家海军使用。以色列海军1978年在MKⅡ型基础上又着手研制成MKⅢ型导弹。

第四次中东战争爆发前，阿以海军都建立了一支强大的导弹艇部队，反舰导弹成了这次战争中海战的主角。

1973年10月6日夜，地中海的海面凉风习习，月光朦胧。以色列的两个导弹艇突击群从海法基地紧急出航，分别驶往叙利亚和埃及海岸，受领的任务是打击埃、叙的导弹艇，歼灭埃、叙的海上力量。

▶「迦伯列」反航导弹

向北朝叙利亚海岸方向搜索前进的以军突击群，由4艘导弹艇、1艘快速巡逻艇和2艘登陆舰组成，登陆舰上各搭载2架直升机。这个突击群一共有23枚“迦伯列”导弹，攻防能力和防空预警能力都很强。这支编队在接近叙利亚海岸时，为加强防御而改为两列纵队前进：“米夫塔赫”号和“雷谢夫”号在右列，作为主要突击兵力的第一导弹舰战术群。

22时28分，一艘叙利亚P4级鱼雷艇发现了以军导弹艇编队，这时该编队处于拉塔基亚港以西25海里的海面上。叙鱼雷艇向以导弹艇编队进行射击后，仓皇逃往海岸方向。可是，以指挥艇“雷谢夫”号与快速巡逻艇“米夫塔赫”号加快航速，穷追不舍，几分钟之后，便用火炮击沉了叙军的这艘鱼雷艇。

22时37分，叙利亚海岸的1艘“黄蜂”级和2艘“蚊子”级导弹艇被以军舰载直升机发现。以艇编队组成攻击队形，向目标高速接近时，曾遭到6枚“冥河”导弹的攻击，导弹是在50千米的距离上发射的。叙艇雷达所发现的本来是超低空飞行的以直升机，却把它误认为是以军导弹艇。“冥河”导弹均未击中目标，有的从以艇旁边飞过，有的坠入附近海水之中。以艇重新组成攻击队形后，又高速驶往导弹飞来的方向，5分钟后遭到对方第二批“冥河”导弹的攻击。可是，“冥河”导弹无一命中目标，还有1枚被担任掩护的“米夫塔赫”号的高射炮击中，在空中爆炸。

叙艇发射两批导弹之后，已丧失攻击能力，便在海岸炮火掩护之下，以24节的航速撤离战区。以艇全力追击，在距叙艇20千米时，对叙艇发起猛烈的导弹攻击，用“迦伯列”导弹击沉叙利亚两艘导弹艇。

午夜，在直升机引导下，以导弹艇战术群又对1艘被“迦伯列”导弹击伤的叙“蚊子”级导弹艇发起攻击，以“米次那格”号用40毫米火炮将叙“蚊子”级导弹艇击沉。

拉塔基亚海战历时2小时，是世界上第一次舰艇导弹部队之间的海上战斗。以军5艘导弹艇对叙军3艘导弹艇。不仅在导弹数量、火炮数量上占优势，而且在导弹舰上装备了适于攻击“黄蜂”级和“蚊子”级导弹艇这类目标的“迦伯列”导弹；以导弹艇编队在战斗中，把对敌导弹的电子干扰与导弹攻击有机地结合起来，保证了这次海战的全胜。叙军在这次海战中，使用的“冥河”导弹不适合于攻击“萨尔”级之类的小型快艇，战术上也有失误，因此一败涂地。叙军被击沉的舰艇一共5艘。以军导弹艇无一受损，于10月7日凌晨全部安全返回了海法基地。

▲在拉塔基亚海战中发挥威力的“冥河”导弹

从10月7日至11日的5天中，以舰艇导弹部队又与埃、叙舰艇导弹部队进行了3次导弹战，使埃、叙舰艇导弹部队遭到更严重的打击。

10月7日夜间，以“萨尔”级导弹艇编队与埃及4艘“蚊子”级导弹艇编队在塞得港附近海域遭遇，双方展开激烈导弹战，结果埃军损失3艘导弹艇，以方毫无损失。

◀以色列『迦伯列』MKⅢ型导弹

10月9日凌晨，埃、以导弹艇在杜姆亚特海域展开激战，埃军发射的12枚“冥河”导弹无一击中目标；以军4艘导弹艇用“迦伯列”导弹击沉埃军3艘“黄蜂”级导弹艇。

10月10日夜间，以军3艘导弹艇与叙军导弹艇在拉塔基亚港外再次发生战斗，以军导弹击沉叙军两艘导弹艇和港内3艘商船；以艇还用12.7毫米机枪击毁叙导弹艇发射的2枚“冥河”导弹。

在第四次中东战争的4次海战中，埃、叙一共向以舰发射了近50枚导弹，却无一击中目标；以军用“迦伯列”导弹，共击沉埃、叙导弹艇13艘，其他国家商船3艘。

“迦伯列”属于第二代反舰导弹。由于“埃拉特”号事件的影响，20世纪60年代末和70年代初，第二代反舰导弹和导弹艇迅速发展和普及。第一代反舰导弹只能用于岸、舰发射，第二代的发射方式，除岸、舰发射外，还有飞机和潜艇发射。与第一代相比，第二代反舰导弹具有尺寸小、重量轻、可掠海飞行等优点。

海上杀手——“飞鱼”导弹

“飞鱼”导弹在世界上享有很高威望，被称为“海上杀手”。这种导弹是法国航宇公司研制的一种全天候两级飞航式空舰导弹，代号为 AM-39。在热带海洋众多鱼种中，有一种会飞的鱼。这种鱼不仅在水中会游泳，还能在水面以上飞翔。它被“敌人”追赶时，就跃出水面 8~10 米，以每秒钟 18 米的速度滑翔 150~200 多米距离，有时紧紧贴着海面超低空飞行。由于 AM-39 在制导末端也是紧贴海面超低空飞行，所以被取名为“飞鱼”。

该弹是从 1970 年在 MM-38 舰对舰导弹的基础上开始研制的，1978 年定型投产，随后开始交付使用，估计已生产 2000 多枚。这种反舰导弹以体积小、重量轻、精度高、掠海飞行能力强、发射后不管和全天候作战能力为优势，装备于法国军队的“超军旗”、“超美洲豹”、“幻影”50、F1、2000 攻击机，“大西洋”海上巡逻机，“超黄蜂”、“海王”武装直升机等。主要用于攻击水面舰船等目标。

▶被『飞鱼』导弹击中后冒着浓烟的『谢菲尔德』号

AM-39 导弹除装备法国军队外，还向阿根廷、伊拉克、卡塔尔、印度、南非等 10 多个国家出口，较多地参与了多次局部战争，战绩不俗。

1982 年 5 月 4 日，在大西洋马尔维纳斯群岛以南海域，阿根廷空军侦察情报系统，在收到英军“谢菲尔德”号导弹驱逐舰的目标指示数据后，3 架“超军旗”攻击机在 P-2“海王星”巡逻机的引导下，开始向目标接近。在英军远程雷达警戒区，机群中 2 架“超军旗”关闭机载雷达，飞行高度降至 40~50 米，以 900 千米的时速向目标接近。剩下的 1 架采取佯动动作，迅速爬高，精确定位“谢菲尔德”号的航向、距离、航速等参数，并将数据及时发送给下面 2 架超低空飞行的攻击机组。

▼未被击中前的“谢菲尔德”号导弹驱逐舰

目标越来越近，在 46 千米处，攻击机组突然跃升至 150 米，同时启动机载雷达。雷达锁定目标后，2 枚“飞鱼”反舰导弹直扑目标。此时，“超军旗”的机载告警系统“嘟嘟”作响，战机已被雷达锁定。随之，这 3 架“超军旗”迅速转弯并急剧下降高度，高速退出战场返航。被“飞鱼”

击中的“谢菲尔德”号冒着滚滚浓烟。

战斗仍在继续。“飞鱼”导弹发射数秒钟后，很快降至15米高度转入巡航飞行段。在距“谢菲尔德”号12~15千米处，导弹进入搜索时刻，导弹上的主动雷达开始搜索并迅速捕捉到目标。这时，导弹迅速降到2~3米浪尖高度实施掠海机动飞行。由于“谢菲尔德”舰载雷达警戒系统与舰载卫星通信系统的电磁兼容性差，直到“飞鱼”导弹进至“谢菲尔德”5千米的目视距离时才被舰员发现。舰长急呼“注意规避”，并迅速启动“密集阵”防御系统向来袭导弹射击，但不幸的是，该系统因计算机故障竟然无法启动。这种情况下，一切都为时已晚。导弹击穿舰舷，经过数秒的沉寂后，弹头在舰体内轰然炸响，并发大火。顿时，“谢菲尔德”号上烟雾弥漫，火光冲天。这艘造价高达1.5亿美元、首次参加实战的现代化军舰，很快沉没于南大西洋海底。

▶素有『海上杀手』之称的AM-39导弹

“飞鱼”导弹采用典型正常式气动布局，四个弹翼和舵面按“X”形配置在弹身的中部和尾部；整个导弹由导引头、前设备舱、战斗部、主发动机、助推器、后设备舱、弹翼和舵面组成。

AM-39导弹弹身呈锥头圆形，弹翼为梯形悬臂式；全弹总长4.7米，弹径0.35米，翼展1.1米；导弹发射总重为652千克。“飞鱼”导弹的动力系统包含两部分：主发动机为一台端面燃烧的固体火箭发动机，总重170千克，工作时间150秒，平均推力2.4千牛，可使导弹的巡航速度保持在0.9马赫数；助推器是一台侧面燃烧药柱的固体火箭发动机，重达80千克，工作时间2.5秒，平均推力74千牛，可把导弹迅速加速到超声速，而后在主发动机作用下以巡航速度飞行。两台发动机可使导弹最大射程达70千米。

AM-39导弹通常挂在巡逻机的弹舱内、攻击机的机翼下和直升机的腹下或短翼下，可随时攻击。当载机发现目标后，先由载机上的发射系统把不断接收来的目标方位、距离和速度以及载机的方向和速度等数据随时处理，得出导弹的飞行制导指令。在选定要发射的导弹后，就对目标进行瞄准并在发射前将刚得出的导弹飞行制导指令装定到导弹上。这时，若符合导弹发射条件，即可沿目标方向实施导弹的无动力投放发射。

超声速的反舰导弹“日炙”

“日炙”反舰导弹（3M–80）的北约代号为SS–N–22“日炙”，又称“白蛉”3M–80E，由苏联彩虹设计局在20世纪70年代后期开始研制，采用了苏联独特的组合冲压发动机技术，是世界上第一个使用整体式组合冲压发电机的实用型超声速反舰导弹。

“日炙”导弹技术参数如下：弹长9.385米，直径0.76米，翼展2.11米，发射重量3950千克，推力2.10千牛，战斗部300千克（半穿甲），有效装药量为150千克；有效射程120千米，巡航速度大于2.3马赫数，巡航高度20米。

该导弹采用圆柱形弹体，尖锥形头部，尾段稍有收缩的布局结构。液体整体式火箭冲压发动机推动。在巡航段采用惯导系统导航，用无线电高度表控制巡航高度，末段用主/被动雷达导引头制导，导引头开机后先是被动状态工作，这样有很好的隐蔽性，如导引头未收到目标信号再转为主动状态工作。

▲超声速的反舰导弹“日炙”

在电子干扰下，导引头将自动寻向干扰源。

▲飞行中的SS–N–22『日炙』

该导弹使用半穿甲爆破战斗部，质量为320千克，内装高能炸药，引信能延时引爆。据设计者称，1~2枚导弹可使1艘驱逐舰失去战斗力，而1~5枚可击沉一艘2万吨级的商船。

“日炙”SS–N–22的设计思想是使敌方没有足够的反应时间来进行拦截，提高导弹的突防能力，用于打击美国装有“宙斯盾”防御系统和“标准”SM–2舰对空导弹的水面战舰。彩虹设计局针对“宙斯盾”系统的雷达探测距离、处理速度和“标准”SM–2导弹的发射加速度、最大过载系数、最小攻击距离等特性，设计这种高速低空飞行“日炙”SS–N–22导弹系统。该导弹在到达射程90千米处，仅需2分钟，因此能在“宙斯盾”系统完成探测、跟踪、锁定、判断、发射、导弹制导程序之前到达目标舰的防御区，有较高的生存能力和突防能力。

▲"现代"舰上的"日炙"反舰导弹

该导弹动力装置采用俄罗斯（原苏联）独有的内含可脱落助推器的液体冲压组合发动机。它将常现液体冲压发动机与固体火箭发动机巧妙结合，技术简单可靠。四个半圆形进气道位于导弹中部，助推器置于发动机燃烧室中。发射后，助推器将导弹加速至冲压发动机的工作速度，然后，燃烧完的助推器脱落，此时整体式液体冲压发动机中可折叠火焰稳定器展开，进气道挡板破碎，开始进气，点火器点火，发动机开始工作。

该导弹的发射方式为固定箱式发射，发射扇面为±60度。发射箱固定安装在舰艇上，内有空气调节系统，允许多次发射，经维修后可继续使用。该导弹有较好的可靠性及可使用性，上舰完好率高，使用维护简单且保存期较长，处于作战状态的导弹可在舰上存放一年以上，而且到期后还可再延寿以保证使用。其钛合金弹体能满足"三防"要求（防水、防潮湿、防盐雾），可在恶劣的环境条件下使用。但是固定方式要求发射时舰艇要调整航向，影响舰艇机动。

▶航母『杀手』——超声速俄制『日炙』反舰导弹

除导弹采用自动化测试设备以外，技术阵地还配置有检测、运输、装填、加注等车辆，以完成导弹测试、装填、加注、运输等任务。整个测试由计算机控制，通过检查站、机件站、目标模拟器对多个参数进行自动检查。检查时间15分钟，检查结果如各种参数、偏离允许值百分数和超差值等则通过打印机输出。

"标准"系列舰对空导弹

"标准"系列舰对空导弹是美国海军为取代 RIM-2"小猎犬"和 RIM-24"鞑靼人"舰载防空导弹于1963年开始研制的中远程全天候舰队防空系统。"标准"防空导弹可以攻击中高空飞机、反舰导弹及巡航导弹，必要时还可攻击水面舰艇。经过几十年的不断改进，"标准"导弹已经发展成拥有数十种型号的庞大家族，不但成为美国海军的主要防空系统，而且还装备在其他十几个国家和地区的100多艘舰艇上。另外，美国还在防空型的基础上研制了"标准"空对地反辐射导弹，20世纪七八十年代被美国海军和空军大量装备。

"标准"系列导弹主要分Ⅰ、Ⅱ、Ⅲ型三大系列，每个系列又分为多种型号。最早投入使用的是"标准"Ⅰ系列（SM-1）。目前美国海军主要使用的是"标准"Ⅱ系列（SM-2）。倍受关注的"标准"Ⅲ型（SM-3）是正在研制中的一种新型远程防空导弹，是美国海基战区导弹防御系统（TMD）的重要一环。此外，美国海军还在研制"标准"Ⅳ对陆攻击型（SM-4），用于对陆火力支援。

"标准"Ⅱ型是作为美国海军"宙斯盾"防空系统拦截弹，在SM-1型的基础上研制的。"阿利·伯克"级导弹驱逐舰目前装备的就是这个系列。

▼SM-2 Block IVA导弹

先后装备美国海军的SM-2系列有 BlockⅠ、BlockⅡ、BlockⅢ、BlockⅢA、BlockⅢB 以及 BlockⅣ增程型（ER）。

SM-2BlockⅠ型导弹编号为RIM-66C；由MK26发射器发射的编号为RIM-66D；1978年投入使用，1984年停产。

"标准"Ⅱ中程导弹家族中的新秀是双模式SM-2BlockⅢB导弹，该导弹加入了一套辅助红外传感器。BlockⅢB导弹是根据美国海军的"改进导弹自动寻的能力"计划研制的，在该计划中研制完成了半主动式雷达自动寻的通道，提高了导弹在最后阶段对付重要目标的性能，扩展了导弹制导逻辑运算功能，使导弹能够更好地处理从舰上和导弹寻的器上传来的信息。导弹通过评估每个传感器的信息，来决

▼“宙斯盾”舰配备了SM-3导弹

定由哪个传感器制导攻击目标。

1993年美国海军开始研制具有拦截弹道导弹能力的 BlockⅣA 型，BlockⅣA 型采用 BlockⅣ的弹体，制导装置换成无线电指令/红外线双模式传感器，使导弹的灵敏度和抗干扰能力进一步提高；同时改进了自动驾驶/控制系统。按照设计要求，该弹可以由“宙斯盾”系统跟踪，拦截弹道导弹，构成海面舰艇与近海岸地区的弹道导弹防御网，同时仍然保留了原有的防空能力。1997年1月24日，美国海军首次进行反弹道导弹试验，BlockⅣA 型导弹的“发展测试弹”（DTR-1）成功拦截了弹道导弹靶弹。

目前雷西恩公司正在加紧研制的 SM-3 型是美国海基战区导弹防御系统（TMD）的重要一环，用来拦截中远程弹道导弹。该型沿用 SM-2BlockⅣ型的弹体和发动机；改装了第三级发动机以及加装全球定位/惯性导航系统，拦截方式则采用波音公司研制的“动能拦截弹头”（LEAP）直接撞击目标。美国海军在2005年已经开始在“宙斯盾”舰艇上部署弹道导弹防御系统。

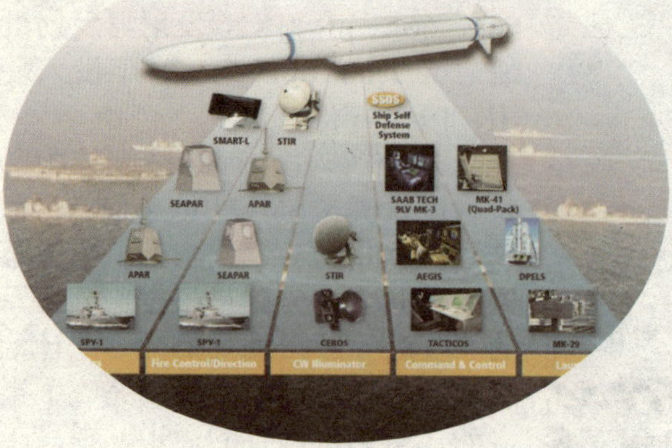

◀『标准』区域防空导弹使用范围

“标准”Ⅳ（SM-4）对陆攻击型由 SM-2BlockⅡ/Ⅲ型导弹改进而来，装备先进的全球定位制导系统，MK125 改进型弹头；同时具有超声速飞行能力，将在美国海军的近海火力支援（NSFS）中扮演重要角色。

▼“标准”拦截弹

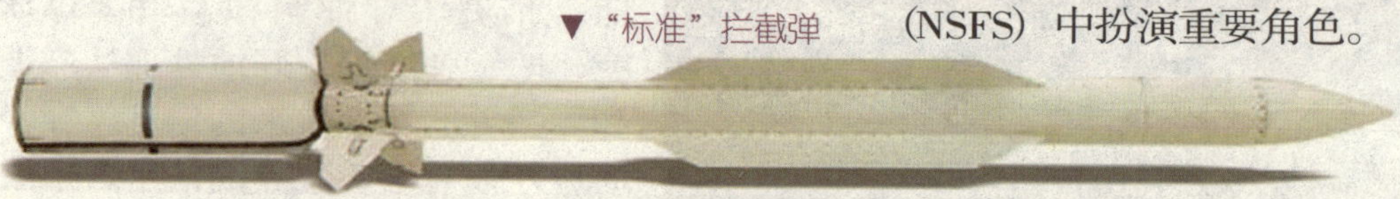

潜艇杀手——“阿斯洛克”反潜导弹

二次大战后，随着科学技术的飞跃发展，声呐系统的探测距离愈来愈远，潜艇的航速、航深和续航力也有了很大提高。用于攻击潜艇的反潜声自导鱼雷由于携带的能源有限，其航程受到极大的限制，而且鱼雷是在水中航行，其航速的提高也受到极大的限制。为了从根本上提高鱼雷的航程和航速，20 世纪 50 年代美国首先将火箭助推技术应用到反潜自导鱼雷上。反潜导弹就是在此基础上发展起来的，它分为舰载反潜导弹和潜射反潜导弹两类，所以反潜导弹也叫火箭助飞鱼雷。有人曾形象地称反潜导弹“既是空中飞行的快速远程鱼雷，又是水中航行隐蔽攻击的导弹”。反潜导弹是目前有效攻击潜艇的重要武器之一。

1953 年，美国利用当时比较先进的 MK43 鱼雷作为战斗部首先开始了舰载反潜导弹的研制。这种舰载反潜导弹被称为“鼠”式反潜导弹，由海军航空试验站研制。最初采用 MK43-0 型鱼雷作为其战斗部，但 MK43-0 型鱼雷停止生产，便直接采用 MK43-1 型鱼雷，其战斗部携带的鱼雷还可以更换为核深水炸弹，“鼠”式反潜导弹在 1957 年初试验成功，并于 1958 年装备在驱逐舰上，由于后来 RUR-5A“阿斯洛克”的研制成功，“鼠”式反潜导弹被淘汰。

▲“阿斯洛克”是世界装备最广泛的一种反潜导弹

▲RUR-5A“阿斯洛克”反潜导弹

美国海军为了不断加强水面舰艇的反潜作战能力，于 1956 年开始研制 RUR-5A“阿斯洛克”，1961 年开始装备水面舰艇。30 多年来，“阿斯洛克”经过多次改进仍然在海军服役。现在美国海军 80%的巡洋舰、驱逐舰和护卫舰上都装备有这种武器，而且巴西、加拿大、德国、希腊、印度尼西亚、意大利、日本、西班牙和中国台湾等国家和地区的海军舰艇上也装备有这种武器。

RUR-5A“阿斯洛克”由霍尼威尔公司研制并生产，西屋电气公司是它的第二个生产厂商。从水面舰艇上的 MK112 型八联装发射架、MK26 或

MK10 导弹发射架中都可以发射。RUR–5A“阿斯洛克”除了能在水面舰艇上发射外，还具有空中发射能力。从 1960 年投入生产到 1970 年间共生产了 18000 枚 RUR–5A“阿斯洛克”。

▲美国海军“阿利·伯克”级驱逐舰发射“阿斯洛克”反潜导弹

RUR–5A“阿斯洛克”主要由战斗部、弹体构架、点火分离装置和固体导弹助推器等组成。战斗部可以携带一枚声自导鱼雷或一枚核深水炸弹。早期的声自导鱼雷使用 MK44 鱼雷，随着 RUR–5A“阿斯洛克”的不断改进，目前战斗部采用的是 MK46 鱼雷，航程为初期的 2 倍。

VLA（垂直发射式）“阿斯洛克”是为了替换以前使用的 RUR–5A“阿斯洛克”和为海军提供一种中程的全天候快速反潜武器。它可以利用水面舰艇上装备的 MK41 导弹垂直发射系统发射，战斗部可分别携带 MK45–V、MK50 鱼雷和核深水炸弹三种不同的反潜武器。

VLA“阿斯洛克”是由洛莱尔公司在 RUR–5“阿斯洛克”的基础上发展起来的产品。

VLA“阿斯洛克”在空中的飞行过程与 RUR–5A“阿斯洛克”类似，但也有所不同，由于它采用垂直发射装置发射，可以灵活地攻击任何方位的目标潜艇；使用新的火箭助推器可以将战斗部发射到更远（30 千米）距离；战斗部携带的 MK46–V 型鱼雷可以攻击 1000 米水深的潜艇。它比 RUR–5A“阿斯洛克”有更快的反应速度、更远的攻击距离、更大的攻击深度和更高的命中概率。利用 MK50 鱼雷改进的 VLA“阿斯洛克”可以攻击 1250 米水深的核潜艇，而且 MK50 带有聚能定向爆炸装置，可以攻击目前世界上任何高性能的核潜艇。

◀八联装『阿斯洛克』反潜导弹发射箱

美国海军原计划订购 10000 枚 VLA“阿斯洛克”用于训练和储备，但是由于经费等方面的原因，估计订购数量不会超过 1000 枚。目前日本是第一个进口 VLA“阿斯洛克”的国家，很快将有许多国家的海军也将订购 VLA“阿斯洛克”。

法国“海响尾蛇”舰对空导弹

“海响尾蛇”导弹是法国汤姆逊–CSF和马特拉公司联合研制的全天候近程舰对空导弹系统。可作为单舰点防御武器用来对付低空、超低空战斗机和悬停的直升机以及掠海飞行导弹的攻击，也可与其他舰艇联合进行区域防御。装备了“海响尾蛇”舰对空导弹系统的舰艇增强了防掠海导弹和超低空空袭兵器的能力。

“海响尾蛇”是由地对空导弹发展来的。1973年，法国海军决定把“响尾蛇”2000型地对空导弹移植上舰，其基本方案是不改变原制导单元，利用舰上的目标探测指示系统，增加弹库装填装置，以适应装舰要求。于是，陆地上的“响尾蛇”变成了“海响尾蛇”。到1980年，“海响尾蛇”正式服役，开始装备法国海军F67级驱逐舰和F70级驱逐舰。

为了对付超低空目标的攻击，从1980年开始，法国海军研制反导型“海响尾蛇”，采用R460型导弹，主要改进内容是利用红外跟踪器解决低空跟踪制导问题。随后，法国海军的两艘航空母舰也装备了这种新式导弹，并已向国外销售。

“海响尾蛇”舰对空导弹系统有两种形式：一种是导弹发射装置和多传感器火控系统同轴配置的8S型，另一种是发射装置与指向器为模块式分开配置的8MS型。

“海响尾蛇”导弹可用雷达、红外、电视等多种手段跟踪目标和制导导弹。由于“海响尾蛇”采用了红外角偏差跟踪装置，克服了雷达跟踪掠海目标时产生的镜像目标、背景噪声大、波束畸变等难以解决的困难，能精确地跟踪掠海导弹。当反舰飞机施放电磁干扰，使舰载雷达不能正常工作时，则采用电视跟踪，仍可对目标进行射击。这

◀反导型“海响尾蛇”舰对空导弹

▲“海响尾蛇”导弹的发射瞬间

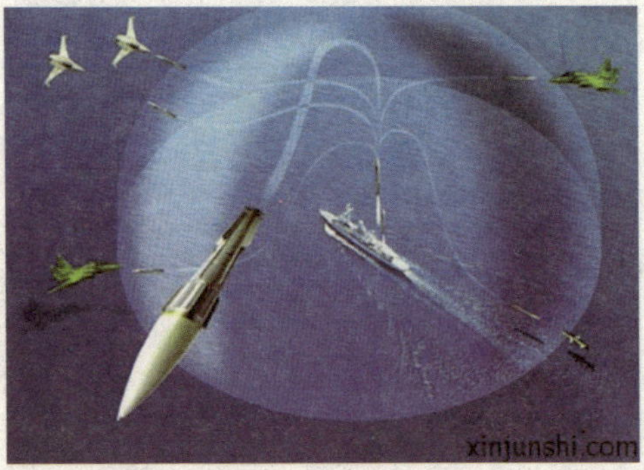

▲“海响尾蛇”发射示意图

▼“海响尾蛇”导弹

种多传感器组合运行的体制，使系统在所有态势下均能截获、跟踪目标。

“海响尾蛇”导弹采用能在超低空有效工作的主动式电磁近炸引信，并由火控系统控制战斗部爆炸，提高了导弹的超低空作战能力。该引信有3个120度圆周分布的天线，其中一个天线指向下方，在超低空飞行时起高度表作用，可利用回波信号使导弹与海面保持一定距离。该引信的电磁波束非常尖锐精确，呈旋转锥形向前倾斜，当导弹在很低高度飞行时，虚警信号受到很大抑制，可防止引擎由于海杂波作用而错误地触发战斗部。另外，当导弹与目标遭遇时，导弹与目标所处的相对位置不同，引信触发战斗部的作用时间也不同，且杀伤效果也不一样。由于该导弹采取了战斗部爆炸延迟时间由火控系统控制的措施，保证了导弹不管处在什么位置，都能获得最大的杀伤概率。“海响尾蛇”导弹系统之所以能够反掠海导弹，主要得益于上述两项技术措施。

在制导第一批导弹的过程中，可对第二批目标提前发射第二批导弹，并予以预导引，因此，“海响尾蛇”导弹可以对付处于不同距离的多批（飞机4批，掠海导弹3批）目标。对同一目标可连续发射两枚导弹，以提高总体杀伤概率。

“海响尾蛇”导弹火控系统与舰载监示、探测、识别系统交连，接收远方目标信息，并有控制火炮和其他武器的能力，简化了设备。系统通过计算机全自动工作，反应时间仅4.5秒。

“海响尾蛇”8MS型系统为模块式结构，火控系统与发射装置独立配置，因此，在技术和使用上都获益不少，如易于改装、导弹发射范围增大、有内装式测试设备、维护简单等。

“海响尾蛇”导弹系统虽具有一定的反掠海导弹的能力，但该系统的雷达跟踪设备不是很完善，导弹主动段时间很短，速度偏低，抗击高速机动目标的能力有限。由于采用倾斜式发射，不易对付全向攻击。此外，该系统未经实战考验，作战使用效能到底如何还有待验证。不过该系统一直处于改进、改型之中，其性能将进一步改善。

鱼雷

鱼雷是海战中在水中使用的武器。现在的鱼雷，发射后可自己控制航向和深度，具有航行速度快、航程远、隐蔽性好、命中率高和破坏性大的特点。它的攻击目标主要是战舰和潜水艇，也可以用于封锁港口和狭窄水道。鱼雷主要用舰船携带，必要时也可用飞机携带。在港口和狭窄水道两岸，也可从岸上发射。

意大利 A-244 鱼雷

A-244 鱼雷是意大利在第二次世界大战后研制的轻小型通用反潜鱼雷，拟取代引进美国的 MK44 鱼雷，装备意大利和其他国家的固定翼反潜飞机、反潜直升机和水面舰艇。该鱼雷的主承包商是世界上著名的鱼雷制造厂家——白头公司，20 世纪 60 年代开始研制，1971 年开始进入部署在地中海的意大利海军服役，1980 年停产，共生产 1200 条。

▼DCNS 公司生产的 MU 90 轻型鱼雷

意大利原塞莱尼亚公司、现阿莱尼亚公司负责研制导引头。该公司曾引进美国的 MK44 鱼雷导引头的生产专利，在其基础上首先研制出 A-244 的 AG70 主 / 被动声导引头，1964 年研制 A-244 改进型用的导引头（CIACIO），1966 年研制出频率为 60 千赫兹的 CIACIO-60 导引头，1968 年研制出频率为 30 千赫兹的 CIACIO-30 导引头，1974 ~ 1975 年研制出 3 频率、多重编码的 CIACIO-S 导引头，其改进型 A-244S 也在此期间开始研制，1984 年 A-244S Mod1 开始服役。

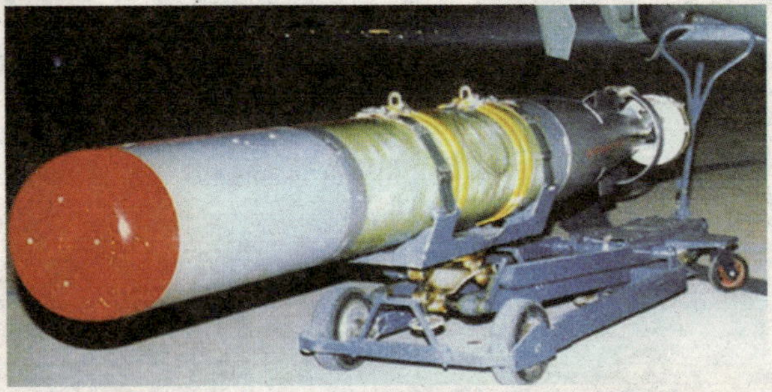

▲ A -244 是仿制美国 MK46 轻型反潜鱼雷

作为 A-244S 后继型发展的、并用作法意联合研制的舰载“米拉斯”反潜导弹战斗部的另一个改进型——A-290，于 1981 年开始研制，1987 年进行分系统试验，计划 1992 年服役。但 1990 年 A-290 与法国的“海鳝”反潜鱼雷合并，联合发展轻型通用反潜鱼雷——MU90“冲击”，至此，A-290 鱼雷完成研制、未能投产。

A-244 鱼雷采用常规外形布局和模块化舱段结构，主要由前、中、后三个舱段组成。前舱内装制导系统、声点火电路和战斗部，中舱内装电池，尾舱有电动机和操纵机构。为保证鱼雷在空中飞行稳定和准确入水，雷头和雷尾分别装有弹射头罩和降落伞及其开伞机构。

A-244 的早期型号采用的声自动导引头型号为 AG70，随后改用单一频率的频率为 60/30 千赫兹的 CIACIO-60/30 导引头，最新改进型 A-244S，采用 3 频率、多重编码的 CIACIO-S 导引头，有多种可选择的接收 / 发射波束，并具有频率滤波、实时构形分析、多普勒效应，以及时 / 空和波形调节等多种功能。

英国“矛鱼”鱼雷

“矛鱼”鱼雷是一种大型潜用反潜、反舰高速热动力线导加主/被动声自导鱼雷，又叫 NSR-7525 鱼雷。

由于英国 20 世纪 70 年代前期装备部队的“虎鱼”鱼雷航速 36 节，无法打击苏联高速核潜艇（如“阿尔法”级核潜艇最高航速 42 节）。为此，于 70 年代后期开展了“矛鱼”鱼雷的研制工作，由马可尼水下系统公司总承包，研制经费约 7 亿英镑。“矛鱼”鱼雷在 1994 年装备部队并作为欧洲海军的标准鱼雷，同时出口澳大利亚、加拿大和荷兰等国，每条鱼雷价格约为 200 万美元。

▼“矛鱼”鱼雷战雷头，图中 A 部分是一团密度很高的金属碎片，B 部分是主装药，X 部分为惯性爆发器，Y 部分是锥形药型罩

“矛鱼”鱼雷直径 533 毫米，长度 6 米，重量 1850 千克。最大速度 70.5 节（50 米水深），高速 55 节（900 米水深），低速 28 节。航程 40 千米（55 节）、100 千米（28 节）。最大航深 900 米，发射最大深度为 500 米。装药量 300 千克（其中聚能装药占 20%）。制导为线导加主/被动声自导。动力为热动力（涡轮机加三组元燃料），引信为触发引信。

“矛鱼”鱼雷研制技术起点高，在动力系统、微机化制导控制和引爆系统等方面性能先进，部分性能指标还优于美国的先进的 MK48ADCAP 鱼雷。

“矛鱼”鱼雷采用了高性能的热动力系统。燃料采用 OTO-II（奥托）加 HAP（82.5%羟基过氯酸铵水溶液）加海水三组元燃料。增加 HAP 是为了克服只用 OTO-II 作单组元燃料使用时，因贫氧致使可燃成分未被充分利用。充分利用燃料的可燃部分不但提高了燃料的重量能量比（OTO-II 燃料为 170 瓦·时/千克，三组元燃料为 240 瓦·时/千克），而且体积能量比也提高了 70%。同时，废气有 82%可溶于水，OTO-II 的分解物只有 10%溶于水，这样可以大大减少鱼雷航迹，也大大降低废气气泡因破裂扰动所产生的噪声。

主机选择功率高达 735 千瓦的涡轮发动机（高性能的美国 MK48 鱼雷斜盘发动机的功率为 382 千瓦）。动力系统为开式循环，但装有一套调节器，所以具有良好的抗背压性能。

“矛鱼”鱼雷配备泵喷式推进器。它开始出现空化现象时的转速较高，有利于与高速涡轮机匹配并能有效降低噪声。这种由大功率热机、高能量燃料和低噪声螺旋桨组成的热动力推进系统，使“矛鱼”鱼雷航速达到 70.5 节（水深 50 米）的高速度。

线导系统能在远距离上遥控鱼雷接近目标，鱼雷通过导线接收潜艇火控台发出的指令并将有关信息送回潜艇，信息双向传送量每秒均为 70 比特。

▼“矛鱼”鱼雷是“奥斯卡”级、“台风”级、“阿尔法”级的克星

◀『台风』级弹道导弹核潜艇是迄今世界上吨位最大的潜艇

◀『阿尔法』级核潜艇

◀『奥斯卡』级核潜艇

雷内有多台专用微机，微机存储容量约为500万比特，计算能力相当强。通过微机软件，能使鱼雷随时反映工作环境和目标特性，同时，通过微机进行信号处理，可自动计算出鱼雷导引的最佳航向，使鱼雷能更好地搜索、识别和跟踪目标，保证鱼雷有更大的命中概率。

控制系统采用新型捷联式惯导，体积小、重量轻、价格便宜、结构简单且可靠性高，它能反映鱼雷在空间的姿态及有关参数，这些参数送往雷内微机后便能迅速正确操舵来控制鱼雷弹道。为控制鱼雷横滚，雷上还装有副翼系统。

“矛鱼”鱼雷制导控制系统采用大容量微机来处理信息并作出决策，因此英国人称之为“会思考的鱼雷”，即处于智能鱼雷的初级阶段。

“矛鱼”鱼雷战雷头只装惯性触发引信，因为自导系统的导引精度能保证命中目标薄弱要害部位。显然，采用触发引信进行接触爆炸，有利于摧毁苏联的“奥斯卡”级、“台风”级和“阿尔法”级核潜艇。

俄罗斯“暴风雪”鱼雷

在二战结束以前，世界上航速最高、射程最远的鱼雷当属日本海军的93式氧气鱼雷。这是一种直径61厘米的大型鱼雷，以最大航速50节航行时，最大射程达20000米；以36节的航速航行时，最大射程达40000米。现今服役的鱼雷中，美国海军的MK50鱼雷以及英国制造的“矛鱼”鱼雷的航速可以达到60~70节。

然而在1995年和1999年的阿布扎比国际防务展览会上，俄罗斯相继展出了“暴风雪”鱼雷的示意图和照片，据说航速高达100米/秒（约200节）。这是一种超出常识的超高速鱼雷，利用的就是“空化”现象，它是世界上出现的第一种超空化武器。

▲“暴风雪”鱼雷

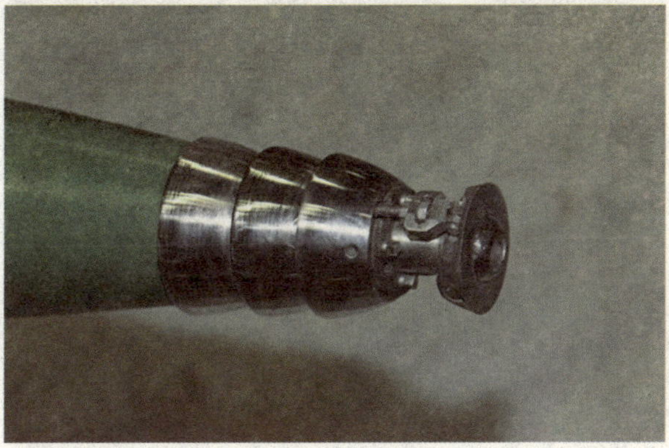

▲空化发生器

首先解释一下“空化”现象。“空化”现象，也称“空穴”现象，当物体在水中高速运动时，在固体和液体的交界面上，压力会大大降低，有时甚至会产生接近真空的负压，此时，即使是常温下，局部的水也会沸腾，形成低压的微小气泡（在0.02个大气压下，20℃的水就会沸腾）。在周围水压的作用下，这些气泡急剧崩溃，并伴生强大的冲击波。这便是“空化”现象。船舶设计师们发现，空化和水深有密切关系，水越深，越难以产生空化现象。潜艇的潜航深度和螺旋桨的转速如调解得当，则螺旋桨背面生成的空化气泡便非常小，在水压的作用下很快溃灭，危害度减小。如果利用喷嘴在适当位置向空泡部位注入空气或燃气，则空泡的负压将变为正压，形成一个较大型的筒状空洞，包围着鱼雷。这种现象就叫做“超级空化”现象。

“暴风雪”鱼雷就是利用火箭发动机在鱼雷头部生成大量的气泡空穴，使得鱼雷完全被空穴包围，水的阻力大大减小，从而达到极高的航速。也就是说，雷体表面大部分不和水直接接触，自然水的阻力也就微乎其微。鱼

▶『暴风雪』鱼雷空化发生器的喷头

雷高速航行的障碍就这样巧妙地被化解了。

产生超空化现象的部件是空化发生器。

俄罗斯的“暴风雪”超高速鱼雷的战术性能如下：

“暴风雪”重为 2.7 吨，直径 533 毫米，长度 8.2 米，由普通的鱼雷发射管发射，水中航速为 100 米 / 秒（约 200 节），有效射程为 6~12 千米。它可以在 400 米的水深处攻击以 50 节航速航行的潜艇，具有极大的破坏力。在鱼雷后部中心轴上的主火箭发动机周围有 8 个小型火箭发动机的喷嘴，对 8 个小型火箭发动机的推力和其中的 2 个或 4 个火箭的位置，可以实施推力矢且控制。鱼雷壳体侧面伸出的 8 个折叠式制动臂，可以只伸出其中几个，以控制鱼雷的航行方向。超空化现象引起了军事家的广泛兴趣，世界主要的海军强国都对利用超级空化原理发展新型水中弹道导弹表现出浓厚的兴趣。

据未经证实的消息说，装于“阿库拉”级 S 级攻击型核潜艇乃至“库尔斯克”核潜艇上的“暴风雪”鱼雷，可以装核弹头。另据外刊报道，装常规弹头的“暴风雪”鱼雷，已有少量出口到法国、伊朗和亚洲某国。由此可以判断，超级空化鱼雷已经达到实战应用阶段。

美国 MK46 鱼雷

美国的 MK46 鱼雷是世界上产量最多、库存数目最大的鱼雷，共生产 20000 条，提供给 20 多个国家使用。该鱼雷是美国在第二次世界大战之后研制的第三代轻小型通用反潜鱼雷，是世界上第一种轻小型燃气动力、声自导反潜鱼雷，可供水面舰艇、固定翼飞机、直升机使用，也可作为火箭助飞鱼雷的有效载荷使用，作为机载空投鱼雷可取代 MK44 反潜鱼雷。1956 年 12 月开始可行性研究，1958 年开始研制 MK46 Mod0 型，1960 年 10 月美国海军发布 MK46 作战使用要求，1963 年 MK46 Mod0 型投入有限生产，1965 年 12 月比预定交付日期提前一年向美国海军交付。随后在基本型基础上不断改进发展，形成包括 MK46 Mod0/1/2/3/4/5/6 型号在内的完整的 MK46 系列，成为美国和其他各国海军的固定翼飞机和武装直升机以及水面舰艇长期、广泛装备的标准反潜鱼雷。

▲▼MK46 Mod5 鱼雷发射瞬间

MK46 鱼雷的基本战术性能数据如下：重 261 千克；长 2.59 米；雷体直径 0.324 米，尾鳍 0.388 米；航深 15 米时，航程 10.3 千米。航深 225 米时，航程 9.6 千米。航深 450 米时，航程 8.6 千米；巡航时航速 40 节，追击时航速 45 节；制导方式为主 / 被动式声波联合自制导；自导作用距离为 1.4~1.5 千米；动力装置为内燃机；发射平台为水面舰艇、反潜机。

MK46 鱼雷采用模块化舱段结构，主要由 4 个舱段组成：雷顶段、战雷头、控制舱和动力装置舱。雷顶段内装主 / 被动声自导装置，由发射机和接收机组成。战雷头型号为 MK103 Mod1/2，分别内装 43.6 千克 H-6 炸药（TNT 当量为 1.06）和 44.5 千克 PBXN-103 炸药（TNT 当量为 1.02），与触发引信和近距引信配用，前者称之为爆发器，埋在炸药中，当鱼雷撞击目标时，其惯性开关闭合，引爆炸药；后者称之为感应线圈，嵌在雷壳中，当鱼雷与目标距离缩短到 0.6 米时，感应线圈产生 1 个电压，经放大后输入点火电路，引爆炸药；爆发器还可由计算机按预定程序引爆炸药。控制舱装有计算机和自动驾驶仪，还装有电源。

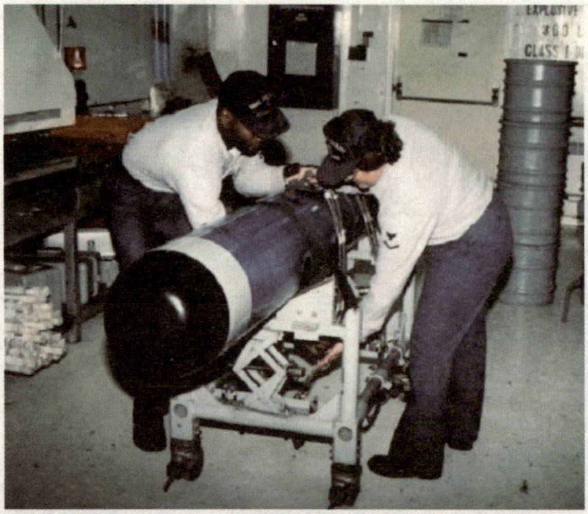

▲工作人员正在对 MK46 鱼雷进行检修

▲SM-2 Block IVA 导弹

该鱼雷潜航速度为 40 节，即 40 海里 / 小时，追击时可达 45 海里 / 小时，航程 5.5 ~ 11 千米，下潜深度为 800 米。鱼雷入水 2 秒后改平，再经 2 秒后海水电池启动动力装置，同时发出下潜指令，鱼雷以 45 度角下潜接敌，到达预定搜索深度时，按蛇形（主动自导）或环形（被动自导）方式搜索。捕获目标后，用主动自导方式进入追击。如丢失目标，则重新转入蛇形或环形搜索状态，直到重新发现目标或发动机燃烧耗尽为止。声自导作用距离 1400 ~ 1500 米。

该鱼雷是世界上第一个热动力型自导鱼雷，也是最早采用数字式电子计算机的自导鱼雷，它采用模块化舱段结构，各部件易于维修和互换使用，提高可靠性和维修性。配备了先进电子器件、数字式计算机和自动驾驶仪，实现结构轻小型化，并提高对小型目标的探测能力、抗目标干扰能力以及自身噪声对声自导的干扰能力。使用热动力装置，早期型号动力装置采用过氯酸铵和硝酸铵固体燃料，生成的燃气不仅提供鱼雷推进功率，同时还用作鱼雷制导系统的能源。改进型号动力装置改用液体单组元燃料——“奥托”，性能进一步提高，并给燃料泵加上双速控制机构，增大对小型目标的探测深度和攻击能力。因此，该鱼雷在性能水平上比 MK44 有很大提高，属于第三代小型通用反潜鱼雷。

MK46 鱼雷也有很大缺陷：其爆破式战雷头在攻击有双层壳体的现代潜艇时效果不佳，需改用能穿入潜艇壳体内部后爆炸的空心装药和爆破复合战雷头。动力装置的工作深度仍显不够，因其为开式循环，受海水背压影响，其航速与航程随下潜深度增加而减小，难以对付具有很大潜深的现代潜艇，故于 20 世纪 90 年代初开始被更先进的第四代小型反潜鱼雷 MK50 所取代。

德国 DM2A4 重型鱼雷

德国海军都会给自己装备的鱼雷取一个很形象的名字，一般都以海洋生物为其命名。这是德国的一贯传统，自 20 世纪 60 年代末以来，德国相继研发的 DM1、DM2A1 和 DM2A3 鱼雷就分别被贯名为“海蛇”、“海豹”和“海鳗”。DM2A4 重型鱼雷的出口型也被命名为“海鳕”（也可译作“无须鳕”）。海鳕本是一种鳕科海鱼，生活在欧洲北部海洋中，它与生活在北欧淡水中的江鳕一样，都属于有毒鱼类。北欧海鳕有无须鳕、三须鳕等多种，其体形细长，背有长鳍，游泳速度很快。将鱼雷与“海鳕”联系在一起能引人产生有趣的联想，水中海鳕游动起来就像一艘潜艇，与正加速航行的 DM2A4 鱼雷非常相似。

DM2A4“海鳕”是 DM2A3“海鳗”的改进型。它与 212 型潜艇同时研发，将成为 212 型潜艇配备的主要武器。“海鳕”鱼雷研发项目在经几年预研工作准备后正式启动，生产商为德国 AEG 公司和艾尔萨哥公司，2002 年研发成功。2003 年 12 月首批 DM2A4“海鳕”鱼雷进入德国海军服役。

▶德国 DM2A4 重型鱼雷

DM2A4“海鳕”是一种线导反舰反潜鱼雷。传输线是极细的光纤。光纤传输信号衰减小，传输频带宽，传输信息量大，为惯导、线导和声自导组合实现精确定位、精确控制提供了可靠的基础。光纤线导技术代表了鱼雷线导技术的发展方向，也是实现武器与控制平台联通性的一条主要途径。“海鳕”采用光纤线导技术，无电磁辐射，抗干扰能力强，以遥控方式实现精确制导，可大幅提高命中率。在“海鳕”的综合制导系统中，声自导发挥重要作用。它采用意大利白头公司研发的 TOSO 声自导头，有

▲德军 U33 号潜艇装填 DM2A4 重型鱼雷

利于提高探测距离。它特别适于在水声条件很差的浅水水域。声自导在惯性制导支持下能够在失去目标后重新捕获目标。

DM2A4“海鳕”也是一种电动鱼雷。它采用模块化设计的电子控制式高速永磁电动机和锌氧化银电池组，航速和航程都得以提高。它实施了多项减震降噪措施。为了降低螺旋桨噪声，侧斜螺旋桨特意设计成不对称。电子装置进行了升级，特别是把声自导头内的模拟信号处理系统改成了数字信号处理系统。

DM2A4“海鳕”采用模块化结构设计，配用不同电池组可构成多种型号的鱼雷，乃至衍生出水下无人潜航器，这也是“海鳕”最引人注意的设计特色，如标准型“海鳕”配用 4 个电池组。雷体长 6.62 米，雷重 1.37 吨，高能炸药战斗部重 260 千克，鱼雷最大航速 50 节，最大射程 50 千米。而超短型“海鳕”只配一个电池组，雷体长 4.55 米，鱼雷最大航速 35 节，最大射程 17.5 千米。“海鳕”鱼雷引入了“混合装载”概念，即不仅装备对抗高级别或危险目标的现代化高性能鱼雷，同时还装备简单、廉价、对抗低级别目标的鱼雷。

DM2A4 重型鱼雷除了配备德国海军以外，还出口土耳其、西班牙，并且随 214 型潜艇一起卖给了韩国，这是一种很有市场潜力的重型鱼雷。

法国、意大利的 MU90 鱼雷

MU90 鱼雷是法国和意大利两国将各自正在研制的“海鳝”和 A-290 反潜鱼雷项目合并而集中双方力量联合发展一种性能更好的、能满足未来反潜战要求的、新一代轻小型通用反潜鱼雷。

该鱼雷用于取代法国的 L-4、L-5 和意大利的 A-244S、A-290 以及引进美国的 MK46 鱼雷，装备法、意和其他国家的固定翼反潜飞机、反潜直升机和水面舰艇，还可用作新一代舰载反潜导弹的战斗部，并与新一代火箭助飞水雷结合成鱼水雷。

▲装在储藏运输箱内的 MU90 型“紧凑”型小型鱼雷

1992 年德国的鲁尔系统技术公司为该鱼雷提供变速电动机，同年底进行水面试验。1993 年初以“海鳝”鱼雷为基础制造惰性样雷进行试验，同年首次进行舰载“米拉斯”反潜导弹的发射试验，并首次在“大西洋”2 反潜飞机上进行空投试验，且首批经过改进的“海鳝”和 A-290 反潜鱼雷的各舱段组件交付欧洲鱼雷 GIE 公司并通过验收试验。

该公司于 1993 年 3 月成立，由法国的 DCN 国际公司（占 26%股份）、汤姆逊－辛特拉反潜公司（占 24%股份）和意大利的白头公司（占 50%股份）组成，同年底该公司与法、意两国海军签订预生产 20 条 MU90 鱼雷的合同，装备水面舰艇和反潜飞机，1994 年进行原型 MU90 鱼雷的发射试验，于 1995 年全面投产。此外，澳大利亚、德国、丹麦以及波兰等国都购买了 MU90 鱼雷，总数超过 800 条。

该型鱼雷基本战术技术性能数据如下：直径 324 毫米，长度 3000 毫米，重量 275 千克；战斗部重 34 千克，制导系统为主 / 被动声自导，动力装置为电动机，航速最小 29 节，最大 55 节，最大主动探测距离大于 2500 米。

▲列装的 MU90 鱼雷

该鱼雷采用与“海鳝”和 A-290 反潜鱼雷相同的常规外形布局和模块化舱段结构，且直径、长度和重量相近。由“米拉斯”反潜导弹和“大西洋”2 反潜飞机试射的 MU90 鱼雷的直径 / 长度 / 重量分别为

324 毫米 /3000 毫米 /275 千克，采用的制导系统为“海鳝”鱼雷的改进型，由汤姆逊－辛特拉反潜公司研制，其特点是采用捷联惯导系统和先进主动声呐系统。

该声呐系统包含 1 个由 30 个换能器组成的平面阵列、2 个侧向阵列和 1 个测深器，均有 3 种不同的工作频率，能克服混响和来自干扰源的假回波；其声自导头具有很强的数据处理能力，并具有对处于浅水 / 深水潜艇发出的回波进行远距探测能力；中央指挥控制装置采用 4 台 16 位、大存储容量微处理器，完成鱼雷的全部引导和控制任务，如确定鱼雷潜深、自动定向控制、航行稳定、航速变化、自主式制导、目标跟踪和自动编程等，强大的数据处理能力使其能在更远距离快速探测目标并具有良好的抗干扰能力，能同时跟踪 10～12 个水下目标、攻击数个最有威胁性的目标。

▲法、意和许多国家的反潜飞机上都装备了 MU90 鱼雷

该鱼雷采用在 A-290 空心装药战斗部基础上改进的高效能战斗部，由意大利白头公司研制。电源为氧化银－铝海水电池，采用氢氧化钾作为电解液，入水前一直处于惰性固体状态，入水后电解发电。动力装置为高效率、低噪声、电动控制、无级连续变速的电动机，驱动喷水式推进器。尾部的 4 片控制舵面用于入水前的飞行稳定，保证准确入水。该鱼雷末段最大攻击时的航速为 55 节，续航时间长、潜深很大。作为进一步改进计划，其电动机将采用氯化锂 / 亚硫酰电池，仍采用氢氧化钾作为电解液，以提高航速和航程。

▲还未出厂的 MU 90 鱼雷

MU90 鱼雷还具有如下特点：由于采用综合自动控制系统，鱼雷的反应时间很短，具有很高的水中机动性；由于其可探测性很低，只能在近距被敌方探测，故具有快速多次攻击和多目标攻击能力；MU90 鱼雷具有与其他轻小型反潜鱼雷的互换性和通用性，故装备使用范围扩大；机载型鱼雷入水后具有环形搜索能力，而舰载型鱼雷入水后具有直航搜索能力。从该鱼雷的总体性能来看，与美国的 MK50 同属新一代轻小型通用反潜鱼雷。

水雷

水雷是布设在水中的一种爆炸性武器，它可由舰船碰撞或进入其作用范围而起爆，用于毁伤敌方舰船或阻碍其活动。水雷具有隐蔽性好、布设简便、造价低廉等特点。按水中的状态区分，有触发水雷、非触发水雷和控制水雷。

意大利“曼塔”沉底水雷

意大利“曼塔”沉底水雷是根据意大利海军浅水布雷要求而研制的先进轻型通用水雷，通常由水面舰艇布放，也可由蛙人布放，还可由直升机投布，用来攻击各种小型和中型水面舰船、登陆艇、水陆两用战车等。该水雷由意大利原米萨公司、现白头公司于20世纪80年代初开始研制，80年代中后期开始服役，并向国外销售。除作战型“曼塔”外，还发展了训练型“曼塔”/1水雷。在1991年的海湾战争中，曾用于科威特沿海水域布设雷阵。据悉，海湾战争之后，其中一些水雷被伊拉克获得。

▲意大利“曼塔”沉底水雷

该水雷结构新颖，外形呈截头锥形，顶部和底部直径分别为490/980毫米，高度为470毫米。水雷壳体全部由玻璃纤维制成，从而使重量大大减轻，适用于多种投布平台，甚至可由海中蛙人布放。

该水雷由上、下两部分组成。上部为引爆装置、目标探测装置和点火装置，包括下列电子线路：

一、延迟线路。其延迟装定时间为0～127天，间隔为半天，由保险执行机构启动。

◀工作人员正准备检修『曼塔』水雷

二、预警线路。其功用是探测在其上方通过的舰船目标的音响信号，然后将其输给传感器线路。

三、传感器线路。其功用是启动点火线路。

四、失效线路。其功用是使水雷在经过预定延时之后而处于饱和、失效状态，失效延期时间装定为0～511天，间隔为半天。

下部为战斗部，内装高爆炸药，有2种类型：150千克重的TNT装药、180千克重的HBX-3装药。

保险执行机构（引爆装置）用于当水雷在未达到预定工作深度时，其雷管不进入引爆位置，防止意外引爆。该水雷的定深2.5～100米，使用寿命17个月，所用电池类型为锂电池。工作环境温度为-2.5℃~+35℃，贮存环境温度为-34℃~+71℃。

德国 G2 型沉底水雷

G2 型沉底水雷由德国和丹麦两国联合设计，是一种非磁性材料制造的新型智能化程度较高的水雷。内装电脑可控制声、磁、水压信号，可灵活地选择打击目标，并减小被对方扫除的可能性。该水雷长 2 米，直径 0.6 米，总重 730 千克。

该水雷由英国原马可尼空间防务公司水下武器系统部，现马可尼水下系统公司，于 20 世纪 80 年代末开始研制，90 年代初开始试验，现已投产并服役，但外销情况不详。

该水雷可由布雷艇、水面舰艇、潜艇布放，也可由飞机投布，主要用作沉底水雷，布放在水深 5 ~ 200 米的海底，攻击潜艇、水面舰船、登陆艇等，也可用作锚雷，布放在入水深度 75 ~ 200 米的海中，攻击潜艇、水面舰船、登陆艇等。该水雷系英国 20 世纪 80 年代末开始研制的先进新型通用水雷。

该水雷采用模块化舱段结构，外形呈圆柱形，头部呈平顶形，尾部呈半球形，主要由下列 3 个舱段组成：

一、战斗部。包括实战和惰性战斗部，实战用战斗部有 2 种战斗部模块，重量分别为 100 千克和 300 千克，其爆炸装药采用先进方法设计，为加有塑料连接物的 PBX 炸药。通过连接环，可构成口径系列为 100、200、300、400、500、600 千克的实战水雷。

▼德国 G2 型沉底水雷

二、标准雷尾电子部件。包括半球形尾盖及其内装的多种传感器和信号处理器。基本传感器有水声、磁感应和水压传感器。信号处理器进行信号调节和信息处理、阀门设置、逻辑延迟装定和失效延迟装定。

三、相应投布组件。

该水雷的主要特点是通过模块化实现各型水雷的系列化，形成执行作战、训演、备战和教练任务的 4 种类型的水雷。

▲1934 年时德国使用的布雷艇

该系列水雷适用于范围广泛的多种投布运载工具。为利于维护使用，还专门设计了作为自备装置的水雷装定器，采用微处理器和自检测装置，用于数据装定和自检测。

美国“快速打击”MK62/63/64/65 水雷

MK62/63/64 水雷系美国海军于 20 世纪 70 年代中期，为取代“破坏者”MK36/40/41 沉底水雷以及 MK50 系列 MK52/55/56/57 沉底水雷，而在 MK80 系列低阻炸弹基础上发展的新型沉底水雷，其功能仍然是用于浅水海区布雷；该系列中的 MK65 水雷是采用模块化设计的新型机载 / 潜载沉底水雷。

发展该系列水雷的原因有二：一是现有的目标探测装置（TDD）以及“破坏者”系列和 MK50 系列沉底水雷，在越南战争后期已经被对方摸清，所布雷阵很容易被现代扫雷工具扫除，再无实用价值；二是“破坏者”系列和 MK50 系列水雷已经停产，且维护工作难度很大。

▲美空军地勤人员为 B-52H 战略轰炸机安装 MK62 水雷

该系列水雷的研制工作，重点是研制新型目标探测装置（TDD），现有 MK57 双功能传感器和 MK58 多功能传感器，改装到 MK82/83/84 低阻炸弹上，构成 MK62/63/64 水雷，先后进入现役。1982 年航空喷气公司开始研制 MK65 水雷，1983 年 MK65 开始服役。1985 年航空喷气公司与意大利原米萨公司、现白头公司签订由后者在欧洲销售 MK65 水雷的合同。为提高该系列水雷的灵敏度，还发展改进了新的目标探测装置（TDD）MK70 和 MK71，以取代 MK57 和 MK58。

该系列水雷的外形结构相似，功能相同，仅口径不同。500 磅（227 千克）的 MK62、1000 磅（454 千克）的 MK63、2000 磅（908 千克）的 MK64 三种型号，分别系 MK82/MK83/MK84 减速炸弹的对应改进型；后一种型为采用模块化设计的新型机载 / 潜载沉底水雷，采用新研制的 PBX 水下炸药，其 Mod0/1 型分别采用 MK57/MK58TDD。现用 TDD 为 MK57 双功能传感器和 MK58 多功能传感器，前者为磁感应引信 / 地震传感器，后者为磁感应引信 / 地震 / 水压传感器，其中的地震传感器实际上是沿海底传播、而不是直接通过海水传播的水声传感器。该系列水雷用于浅水海域，投布深度不超过 100 米，TDD 的作用距离约 100 米。

瑞典 MM180 型非触发锚雷

MM180 锚雷是舰艇布设的非触发锚雷，主要用于打击中小型舰艇和潜艇，外壳由筒状硬质泡沫塑料制成，采用电脑控制的声、磁引信。该水雷长 1.125 米，宽 0.6 米，高 1.125 米，总重 450 千克，装药量 80 千克，使用水深 20～200 米，雷体定深 8～75 米。

▼MM180 型非触发锚雷

“卡普托”MK60 锚泊水雷

MK60 水雷系美国海军从 20 世纪 60 年代开始研制的、突破传统水雷概念的、兼具鱼雷特性的一类新型水雷，即鱼水雷或制导水雷，实现了水雷的制导。该水雷名称为“卡普托”，系“封装鱼雷”的英文缩写的音译，亦可将其意译为“捕手”。与之对应的另一类兼具火箭特性的新型水雷，是美国海军从 20 世纪 80 年代开始研制的“莫万”水雷，可称之为“火箭水雷”或“自航水雷”，采用高频定向声呐作为自导系统，实现了沉底水雷的快速上浮和自动导引，反映了现代水雷的发展方向。

MK60 水雷的方案始于 1960 年，其初步作战使用要求于 1962 年提出，以“捕手”命名的最终作战使用要求于 1964 年确定，要求其探测、识别、攻击敌潜艇目标，而在水面舰艇通过其雷区时不会启动发射鱼雷。

▲MK60 锚泊水雷 3D 图

MK60 水雷结构简单，由 1 个容纳 MK46 鱼雷的、能承受深水压力的密封壳体、1 套水声探测控制装置（DCU）组成，具体组成部分有：雷锚、主/被动目标探测和识别装置、起动装置、保险执行机构、自毁/自失效装置以及战斗部，即 MK46 Mod4 型鱼雷，利用其尾端的连接球头固定于发射箱内。该水雷由飞机投放布阵时采用降落伞减速，入水时抛掉降落伞，下沉并系留于预定深度，当目标噪声出现时，其被动水声传感器自动开机，连续侦听一段时间，借鉴来自 PUFFS（BQG-2/4）潜艇声呐系统技术，通过被动声相关和数字处理，以判别目标是水面舰船还是潜艇。若是水面舰船则不动作，若是潜艇则使主动水声传感器开机，探测并跟踪目标潜艇，待目标进入 MK46 鱼雷的自导作用距离（1.4～1.5 千米）内时，接通发射机构，将 MK46 鱼雷从水雷上部发射出去，鱼雷跟踪目标并将其击毁。如第一次通过时脱靶，则转弯以进入再次攻击。当无噪声信号时，声控装置自动关机。

▲“卡普托”MK60 锚泊水雷工作示意图

这种开 / 关式探测控制装置（DCU）的主要优点是节省电源和加长使用时间，同时能适应深海环境和各种海情条件，其使用期为 6 个月，超期且未能回收时则由其自毁装置炸毁，或由其失效装置使其失效而沉入海底，以防敌方捞走或妨碍己方舰艇行动。其不足之处，主要是没有敌我识别能力，仅能区分水面舰艇和水下潜艇，因此在投布水雷时必须向友邻部队通报雷阵位置。该水雷一般由飞机投布于苏联核潜艇通常出入的北大西洋 900 米深的海区战略通道上，也可由潜艇通过发射管将其布放于苏联核潜艇惯走的北冰洋水下航道上，其布放深度至少 305 米。

基本战术技术性能数据如下：该水雷口径 2000 磅（908 千克）；全重 1080 千克；全长 3700 毫米；雷体直径 533.4 毫米；装药 HBX–1，重 45 千克；尾翼装置 4 翼片；引信装置水声引信。

中国“锚”－4 非触发水雷

“锚”–4（M–4）型非触发水雷是由汾西机器厂研制，用于封锁水深流大的海区，1973 年 11 月设计定型。该型水雷采用非触发声引信，具有较高的抗自然干扰能力，动作区域性好。为了提高“锚”–4 型水雷的战斗性能，1980 年开始对其进行改进，增加了雷体固有的浮力，使倾斜角减小，提高了引信线路的稳定性，并相应改善了工艺性。1982 年 11 月经海军军工产品定型委员会批准定型，命名为“锚”–4 甲型水雷。为了进一步提高产品的可靠性，从 1983 年开始，工厂与驻厂军代表又共同进行了引信线路集成化研制，并于 1985 年 12 月定型，命名为“锚”–4 乙型水雷，也称 EM32 型非触发锚雷。

◀中国『锚』-4 非触发水雷

MK52/55/56/57 水雷

▲MK52 水雷

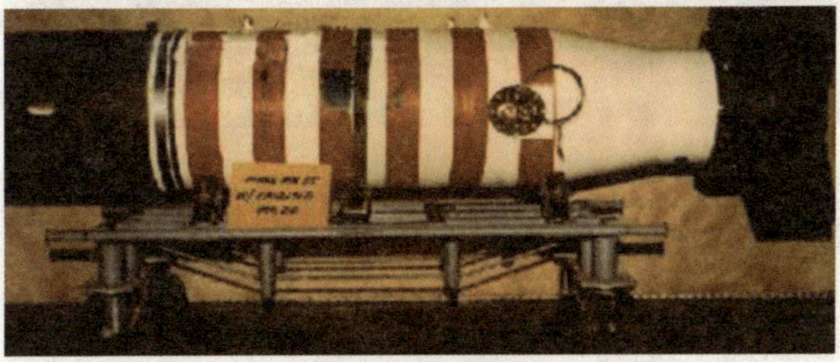

▲MK55 水雷

▲MK56 水雷

▲MK57 水雷

MK52/55/56/57 水雷系美国海军在第二次世界大战后研制的第一代航空水雷，称之为 MK50 系列水雷，曾广泛用于越南战争。

作为美国“远距水雷计划”而发展的该系列水雷，第一个型号为口径 500 磅（227 千克）的 MK50，仅有 MK50 Mod0 型，于 20 世纪 40 年代中后期开始研制，50 年代中后期开始服役；第二个型号为口径 1000 磅（454 千克）的 MK52，于 1948 年开始研制，1954 年开始投产，1961 年开始服役，共有 MK52 Mod0 ~ Mod6 七种型号；第三个型号为口径 2000 磅（908 千克）的 MK55，于 1955 年开始投产，1961 年开始服役，共有 MK55 Mod0、Mod2 ~ Mod7 七种型号；第四个型号为口径 2000 磅（908 千克）的 MK56，于 1960 年开始投产，1966 年开始服役；第五个型号为口径 2000 磅（908 千克）的 MK57，是该系列中专用于潜艇投布的反潜水雷，于 1960 年开始投产，1964 年开始服役。由于该系列水雷不能满足布雷作战需要，已被随后发展的“快速打击”MK62/63/64/65 水雷系列所取代。

MK50 系列水雷系非触发沉底水雷，可用来攻击水面舰船及水下潜艇。前 4 种为空投型，外形结构相同，均采用钢制圆柱形雷体和带降落伞的十字形稳定尾翼，MK50/MK52 头部呈扁平形，其余为半球形，后一种潜载型唯一区别是雷体采用玻璃纤维制成。MK50 Mod0 攻击水面舰船时，水雷定深一般不超过 36 米，攻击潜艇时不超过 180 米。该水雷未装尾翼装置，采用 MK15 降落伞减速，并采用 MK16 雷管作动器使水雷在投布之前将雷管和传爆管分开，投布之后推动雷管进入传爆管凹槽合拢，使雷管处于备炸位置，还采用 MK22 水压开关使水雷电发火机构解除保险。当水雷从飞机上投下时，开伞索拉出降落伞，使水雷减速下落，入水时释放机构使降落伞同雷体分离，随着水雷下沉，水压开关动作，水雷解除保险，并由目标舰艇引爆，若水雷经预定时间未爆炸，则失效装置使之自行失效。

▼MK50 水雷发射瞬间

MK52Mod0 ~ Mod6 七种型号的主要区别是采用的引信不同，使得各型号的重量不同：MK52 Mod1 采用的引信和雷体重量分别为水声引信 /524 千克，MK52 Mod2 采用的引信和雷体重量分别为磁感应引信 /567 千克，MK52 Mod3 采用的引信和雷体重量分别为磁感应水压引信 /572 千克，MK52 Mod5 采用的引信和雷体重量分别为磁感应水声引信 /570 千克，MK52 Mod6 采用的引信和雷体重量分别为磁感应水压水声引信 /563 千克。

上述各型均采用 MK5 或 MK10 降落伞减速，MK52Mod1/3/5/6 型的投布水深为 46 米，MK52 Mod2 型的投布水深可达 180 米，该型在越南战争期间使用最广泛。MK55 除口径比 MK52 增大 1 倍外，其功能相同，采用相同的引信系统，其各型编号中没有 MK55 Mod1，且 MK55 Mod7 的引信为新型双通道磁感应引信，MK55Mod2/3/5/6/7 各型的重量分别为 980/992/992/996/995 千克，上述 MK55Mod3/5/6 型的投布水深为 46 米，MK52Mod2/7 型的投布水深可达 180 米。MK56 采用的引信是 1 种双通道、全磁场感应引信，投布水深可达 350 米。

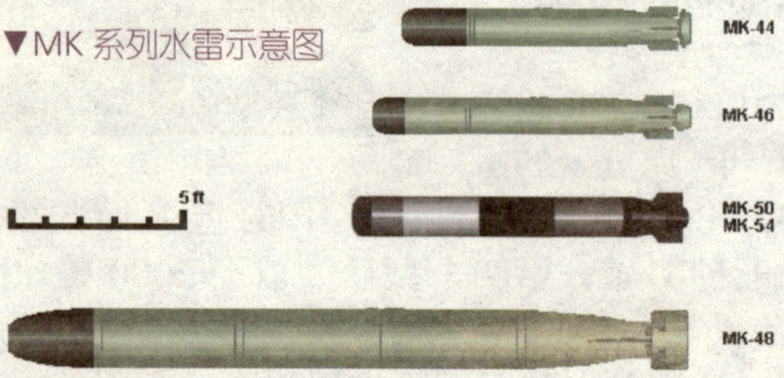

▼MK 系列水雷示意图

意大利米萨 MR-80 型通用沉底水雷

MR-80 型通用沉底水雷 1968 年定型。雷壳为玻璃钢，重量轻，耐腐蚀。长度有 2.75 米、2.096 米、1.646 米三种，装药量 380～865 千克，总重 565～1035 千克，使用水深 5～300 米，采用声、次声、磁、水压联合引信。1991 年 2 月海湾战争时，伊拉克用 2 枚此型号水雷击伤了美国 9000 余吨的“普林斯顿”号导弹巡洋舰。

西班牙 MO-90 型非触发锚雷

MO-90 型非触发锚雷属舰布水雷，1992 年 6 月定型。壳体由玻璃钢制成。其核心部件是电脑控制装置。采用声磁联合引信水雷。布雷深度为 15～300 米，装药量为 300 千克。

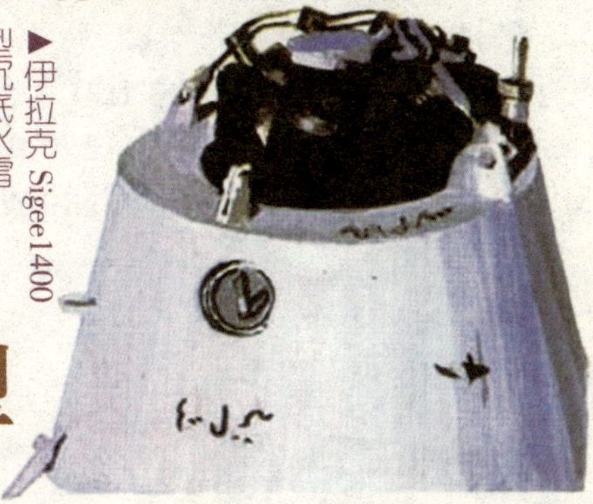
▶伊拉克 Sigee1400 型沉底水雷

伊拉克 Sigee1400 型沉底水雷

Sigee1400 型沉底水雷类似于意大利的“曼塔”水雷，但装药量要大得多。该水雷高 850 毫米，底部直径 980 毫米，上部直径 700 毫米，总重 535 千克，装药 400 千克，引信为非触发引信。水雷结构简单，除沉底雷外，还有布设于不同深度的水雷，用于打击各类水面舰船。

▲VEMS 多用途训练水雷爆炸瞬间

英国 VEMS 多用途训练水雷

英国 VEMS 水雷于 20 世纪 80 年代研制，采用了电脑技术，训练时它不仅可以模拟已知参数的沉底雷，而且还可以评价扫雷效果。长度 2.71 米，直径 533 毫米，重 560 千克，内装声、磁、水压传感器和记录系统。雷体上绕有 200 米的回收索，以便回收。水雷由水面舰艇或直升机投放。

美国 MK67 自航水雷

为了能在潜艇无法接近的敌防区以及敌控制港口和海军基地隐蔽布雷，打击敌水面舰艇和潜艇，1978 年美国提出 EX67 潜布自航水雷发展计划，由 Alliant 技术系统公司负责研制。该型水雷于 1982 年装备使用，定名为 MK67 型自航水雷。该型水雷可由潜艇布放，用于打击水面舰艇和潜艇。

该水雷的主要特点是噪声低、布雷隐蔽性较好，适于在狭窄航道、敌沿海、港湾等交通要道布放。

MK67 水雷性能数据如下：长 4.09 米（另据报道 3.556 米），直径 485 毫米（另据报道 482.6 毫米），总重 754 千克（另据报道 816.5 千克），装药 233.8 千克 PBXN-103，布深约 100 米，最大航程 1600 米。

该型水雷在 MK37 Mod2 型鱼雷的基础上，去掉了原鱼雷的线导装置，用 MK13 水雷战斗部代替鱼雷的战斗部，加装了 MK70 磁地震波联合引信或 MK71 水压磁地震波联合引信，并对尾部进行了改装。改装尾部的目的是为了在布雷前预先设定发动机的工作时间。

▲MK67 自航水雷

1992 年，Alliant 技术系统公司对 MK67 型自航水雷的制导和控制部分进行了改进。此次改进保留了 MK13 水雷战斗部，更换了水声控制器和原来 MK37 鱼雷的制导系统，并对不可靠的部件进行了更换。改进后的 MK67 型自航水雷长度减短，使得“洛杉矶”级潜艇的每个储运架可装该水雷 2 枚，且维护检查周期从 18 个月增长至 6 年。

MK67 型自航水雷可采用下列传感器和发火控制装置：MK70 目标探测装置（磁和地震波引信）和 MK71 目标探测装置（水压、磁和地震波引信）。

MK67 主要用于封锁警戒严密而其他兵力难以接近的港口通道、重要水道等关键性海域。作战时潜艇隐蔽靠近布雷水域，远距离发射水雷，水雷隐蔽自航到预定的布雷水域，然后坐沉海底，成为一枚非触发沉底水雷，待机而动。

该水雷的主要特点如下：自主航行布设，适用于高威胁性海域布雷；布设隐蔽性好；采用老型鱼雷改装，降低了成本；不适合布设大面积雷区。

深水炸弹

深水炸弹是最早出现的反潜兵器，直到第二次世界大战结束后，它在反潜战中一直是主要反潜兵器。它可以由水面舰艇或飞机携带，以专门发射装置或投放装置发射。

瑞典 SAM-204 型航空深水炸弹

▲深水炸弹发射炮，蓄势待发

SAM-204 型深水炸弹用于攻击在浅水域或在潜望深度上作战的潜艇。该深水炸弹能以多种方式使用，并可设定不同的起爆深度，以获得最大爆炸威力，从而有效地摧毁潜艇。该深水炸弹具有钢质壳体，适用于北约标准直升机炸弹投射器。它的 SAM-104 型引信是一种设计独特的引信。它是一个根据水压原理进行深度控制的装置。它装有消除冲击波影响、对任何方向上的惯性力都不反应的装置，因此该深水炸弹对不同水深处的邻爆不会感应起爆。

◀通常，由飞机和直升机投放的深水炸弹称为"航空深弹"

英国 MK Ⅱ 深水炸弹

该型深水炸弹是一种航空深弹。它是一种能从空中投放的反潜武器。它适用于浅水作战，用来对付位于水面或潜望深度上的潜艇。它可从各种反潜直升机上和固定翼海上巡逻机上进行运输和投放。MK Ⅱ 深水炸弹能承受直升机飞行时产生的巨大震动，加固的弹壳和弹头部分能承受高速入水时的冲击。该弹装有一个现代化的引信和起爆器，能够承受巨大的震动和冲击，并保证在设定深度上精确地起爆。入水后受到海水的撞击，水压保险系统就会打开进入战斗状态。

▶船员正在投放 MK6 深水炸弹

意大利 MS-500 深水炸弹

MS-500 深水炸弹是意大利海军为替代“老式”深水炸弹而研制的。该深水炸弹兼有深水炸弹和轻型鱼雷的优点。它由声呐、战斗部、尾锥部和空气平衡器组成。MS-500 深水炸弹由飞机投放，入水后声引信开始工作，最大使用水深为 30 米。

▲二战时舰船上装置的深水炸弹

MS-500 深水炸弹具有在垂直面内对目标的自动定位能力。在深水炸弹下潜过程中，将根据相对于目标位置的最小距离来确定声引信的最佳发火点。为了使深水炸弹对靠近海底的目标也有效，MS-500 深水炸弹还可以进行预编程，使它在撞击海底或者达到某一确定深度时爆炸。从功能特性的角度看，该深水炸弹使用了声近炸引信，从而满足了引爆距离最小化原则。

俄罗斯 RGB-60 深水炸弹

RGB-60 是俄罗斯 PBU-6000 型反潜深水炸弹系统的一个组成部分。RGB-60 为无控火箭式深水炸弹，弹长 1.83 米，弹径 212 毫米，弹重 110 千克，战斗部重 25 千克，最大攻击水深 500 米。这种反潜用的火箭式深水炸弹是非制导的，发动机为固体燃料火箭。该型深水炸弹比瑞典的博福斯深水炸弹尺寸小，与挪威的“海鸥Ⅲ”型相当。引信可采用单一触发加定深两种。

◀深水炸弹爆炸瞬间

图书在版编目(CIP)数据

海军武器实录/徐明编著. --北京：航空工业出版社，2008.1(2011.8 重印)

ISBN 978-7-80243-021-1

Ⅰ.①海… Ⅱ.①徐… Ⅲ.①海军武器—世界—普及读物 Ⅳ.①E925-49

中国版本图书馆 CIP 数据核字(2011)第 050654 号

海军武器实录

Haijun Wuqi Shilu

航空工业出版社出版发行

(北京市安定门外小关东里 14 号 100029)

发行部电话:010-64815521 010-64978486

北京朝阳新艺印刷有限公司印刷　　全国各地新华书店经售

2008 年 1 月第 1 版　　2011 年 8 月第 6 次印刷

开本:787×1092 1/16　　印张:10 字数:260 千字

印数:55001—60000　　定价:29.50 元